スタイルのある女は、脱・無難！

87 Fashion Tips

古泉洋子

Hiroko Koizumi

講談社

はじめに

「Boring!」――以前『ELLE JAPON』という雑誌に携わっていたときのこと。外国人の女性ディレクターが制作途中のファッションページをチェックし、インパクトのない写真を見ながら、よくこの言葉を発していた。Boring＝退屈、つまりそのページは「平凡すぎてつまらない」「エキサイティングじゃない」という否定的な意味。

それは私たちの日常の着こなしにも言えること。当たり障りのないシンプル定番ばかりじゃ少し退屈。進化したデザインや技の力を有効に使った、半歩攻めの無難じゃないシンプル服をバランスよく取り入れれば、もっと簡単に素敵に見える。

ターゲットも、テイストもさまざまな女性誌のファッションページをつくり、長年おしゃれについて考えてきた。そのなかで出合った、忙しい大人の女性が難しいコーディネートなしにおしゃれに見え、日々が豊かになる新しい上質アイテムの数々。そんな一瞬で輝くアイテム選びのコツを、一冊にまとめてお伝えしたいと思う。
おしゃれはあなたの心を映し出すもの。自分らしいスタイルを確立して、人生をもっと楽しく、美しく。その思いが伝わることを願いながら。

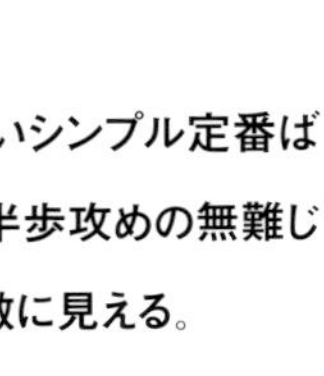

C O N T E N T S

一瞬で輝くための、心構え

どう装うか、それはどう生きるか

1. 生涯一目惚れ主義

心の輝きは見た目の輝き。 頭で考えすぎず、心で考えよう 。
直感でぐっときたものは、必ず長く愛せるから。
それに、好きと似合うが一致しないのは30代まで。
もし40過ぎてもリンクしない人がいたら、
おしゃれなんかの前にもっと人生を充実させて。

2. 目指すのは一歩じゃなく半歩先

新しいものにはやさしい毒がある。
だから取り扱いにはくれぐれも注意して。
お料理の塩加減みたいに、少なめから始めるのがちょうどいい。
仕上がりはあくまでトレンドも意識した、新しい上品さを目指したいから。

3. おしゃれの呪縛を解き放て

ジュエリーとバッグは別だけど、服や靴に一生ものなんてない。
妄言に惑わされて、無難なものばかりを収集するのはやめにしよう。
手に入れたものはできるだけ長く大切に着たいけれど、
時代と無関係ではいられない。
意外性こそ、あなたを輝かせる。

ミックスコーディネートの流儀

必ずアイテムに振り幅を持たせ、メリハリをつくる。

【印象効果】
高級感

長い歴史を持つ高級ブランドのアイテムは、着こなしの格を上げる役割を果たす。なかでもストーリーのあるアイコニックな名品は、投資して損はない。

【印象効果】
新鮮さ、抜け感

新しさがあるアイテムなので、選ぶことを躊躇するか、選び方を間違いがち。定番をベースに1ヵ所だけひねったデザインを選ぶのがコツ。コーディネートを組み立てるときは、このアイテムを主役に考え始めるとうまくいく。

【印象効果】
女らしさ

過剰な甘さ、安っぽい甘さにはご注意を。クラシックなムードをベースに、繊細でほんの少しアンニュイな雰囲気があるものを選んで。

【印象効果】
社会性

緊張感を加えてくれるワードローブの必須アイテム。全体の印象を引き締めると同時にスタイルをよく見せてくれる。けれど主役としてではなく、支えの参謀役として考えたい。

Chapter 1

FINDING THE PERFECT S

第一章

一瞬で、こなれて見える

YLE FIX IN AN INSTANT

ファッションの流れは、脈絡がないようで経済や社会と大きな関わりを持つ。長引いた不況に、現在マーケットの主役であり、貧乏クジ世代とも言われる40歳前後の団塊ジュニアの価値観も相まって、おしゃれに対しても堅実志向が高まった。そこで改めて見直されたのが、定番ベーシック。着回しが効き、長く着られるのが魅力だけれど、ただ着ただけでは垢抜けない真面目さを感じさせるのがオチ。しかも衿を立てたり、袖をたくし上げたりと作為的な無造作感もつくらなくてはならない。着る人と服のマッチングの問題もある。定番=メンズライクなアイテムが多いから、男っぽい雰囲気の人なら必要以上に勇ましさを強調し、逆に華奢な人は貧相な印象になってしまう。自分の輝きの磨き不足を認識し、自信が持てない人には、無謀な挑戦かもしれない。

ならば無理に定番ベーシックにこだわらず頭を切り替えて、定番をベースにひとひねりのデザインを加えた服や小物を選ぶべき。アイテム自体に“こなれ感”があるから、身につけるだけで着こなしが決まる。忙しい大人の女性にとって、出掛ける前に“時短”できるというのもうれしい。それまでシルクツイルだけだったエルメスのスカーフ「カレ」に、数年前画期的なジャージー素材のものが仲間入りしたが、これがつくられたのも同じ理由。ひとひねりの進化ポイントをキャッチして、あなたらしい一着を見つけて！

1
SHIRT
by
Vince

白シャツを攻略したいなら……

ヴィンスのとろみシャツ

いわゆるコットンの衿付き白シャツは、極めてこそ真のおしゃれ上手、とセンスを試される存在。だからこそ、うまく着こなせないという悩みもよく聞く。コットンの衿付きにこだわることはない。欲しいのは、白シャツの上品な清潔感と、肌をきれいに見せるレフ板効果なのだから。ヴィンスのとろみシャツは、シルクのしなやかな落ち感でひとひねりすることで、シャツより女っぽさを感じさせ、ブラウスより凛として見える。裾はボトムに入れて少しブラウジングしても、チュニック風に外に出してもいい。ロングネックレスとのセットが最強。さりげない華やかさで、艶っぽい美人度が増す。ある撮影現場で男性スタッフがそろって「好み！」と反応したのが、こんな白シャツだったことも付け加えておこう。

Brand story

ヴィンスはNYらしいシンプルさのなかに、小ワザを効かせたデザインで支持を得ているブランド。なかでもシーズンごとに少しニュアンスを変えて提案される、しなやかなシルクシャツやニットがヒット。

luid White

2
COAT
by
Mackintosh

トレンチばかりがコートじゃない！

マッキントッシュのフーデッドコート

コートにはトレンチしかないの？　と思うほど、信仰ぶりは半端ない。しかも淡いベージュのコットン製に限定される。3シーズン着られるし、どんな服にも合うのが人気の理由だ。「とりあえずベージュのトレンチ」的な保険要素も強い気がする。そこで脱・無難ならフードでひとひねりした、マッキントッシュのフーデッドコートを推したい。ゴム引き素材がボディラインを意識させないため、大人が着ると無垢な少年のような可愛らしさで意外性が生まれる。映画『男と女』でエレガントなアヌーク・エーメが着ていたムートンコートのニュアンスを思い出させる。色選びも大切。淡いベージュは印象をぼかしてしまうが、テラコッタベージュは簡単にシックに見える。裏地のレオパード柄がちら見えするのも心憎い。

Brand story

1823年化学者チャールズ・マッキントッシュが「マッキントッシュクロス」を発明。そのゴム引き素材を使ったコートがイギリスで人気に。現在も創業当時と変わらぬ、職人による伝統製法を継承している。

oode
d Coat

3

KNIT

by

Les Copains

アクセサリーいらずの華やかさ

レ・コパンのメタリックニット

カシミアやコットンのマットな質感のニットもいいけれど、一枚で着るには、今人気のクルーネックだとボーイッシュになりすぎ、Vネックは少し落ち着いた印象になりすぎる。それが同じベーシックな形のニットでも、メタリックな輝きのひねりが入ると、印象が俄然華やぐ。私のクローゼットにも欠かせないアイテムなのだけれど、定番パンツにも、デニムにも合うし、カーディガンならワンピースにもはおれて重宝する。仕事でも食事会でも、究極のところ上半身のアイテムが印象は左右するので、アクセサリーがなくても十分華やか。ただ吟味してほしいのは、輝きの質と分量。このレ・コパンのニットのような上品で繊細な輝きを選んでほしい。過剰な光沢は、がんばっちゃった人に見えるから気をつけて。

Brand story

1950年代に創業したイタリアのブランド。ブランド名は当時人気だったラジオ番組名に由来。現在はN°21も手掛けるアレッサンドロ・デラクアがデザイナー。シンプルで洗練されたデザインが魅力。

Meta

llic C
rew Neck Swe
ater

4

SCARF

by

Destin

S

小物の域を超えた、最強の巻き物

デスティンのストール

巻き物はすっかり大人のワードローブに定着。ひと言で巻き物といっても、エレガントなシルクスカーフから、大判のカシミアストールまで種類もさまざま。仕事でも、プライベートでも各種試してみて行き着いたのは、140cm角くらいでシルクカシミアの薄手ストール。スカーフは正方形、ストールは長方形、そしてショールは肩にかけるものなので、厳密にはスカーフなのだけれど、用途としてはストールの感覚。対角線に折ってゆるくひと巻きしたり、人気のミラノ巻きも可能。もちろん寒暖調整に持ち歩いてショールとしても使える。まずは薄くてしなやかな素材であることが第一条件。服に馴染ませて奥行きをつくるか、アクセントとして際立たせるかで、色柄のチョイスが変わることも覚えておいて。

Brand story

デスティンは有名ブランドのストールも手がける、イタリアの実力派ファクトリーブランド。グラデーションやモダンなプリントが多く、巻いたときにちょうどいいサイズ感を考えてつくられている。

ilk and Cashmere-blend Scarf

5

JACKET

by

Beige,

Brand story

何にも染められていない本質から名付けられた、日本発のブランド。ベーシックというよりは削ぎ落としたミニマムなシンプル服で、デビュー間もないけれど、その服づくりに早くも注目が集まっている。

Stretch No-Collar Jacket

ジャケットなのに堅苦しくない

ベイジ,のノーカラージャケット

堅くてかしこまった雰囲気が窮屈で、ジャケットから遠のいているという人も多いだろう。だけど身体のラインに丸みが出てきた世代には、これほど七難隠してくれるものもない。できるだけリラックス感をキープしつつ、簡単にさまになる一着としてピックアップしたのが、ベイジ,のノーカラージャケット。動きやすいストレッチ素材でイージーにひとひねり。シワになりにくく、フィット感も抜群。コンパクトなフォルムとミニマムなデザインは、カーディガン感覚でデニムやカーゴパンツなどカジュアルなボトムと崩して着るのがおすすめ。インナーも胸元が開いたタンクトップなどで、抜け感を出して女っぽさをひとさじ。

6

T-SHIRT

by

このポップさ、大人に効く!

エムエスジーエムのロゴTシャツ

無地の白Tシャツとは似て非なる効果を発揮するのが、グラフィカルな白Tシャツ。白Tシャツに英字プリントでひとひねり。ジャケットのなかに合わせればカジュアルダウンするアクセントとなり、夏場これだけで着るにしても存在が軽くなりすぎない。大人にしては意外性のあるポップな選択が新鮮な印象を残すはず。けれど攻めの選択は半歩にしたいから、エムエスジーエムのロゴTシャツのように白地に黒文字が大原則。代案としてはカレッジ調ワッペン柄や、転写プリントのグラフィックものも。抑えめの色が選びの基準。

Logo Printed T-shirt

Brand story

イタリアのフレッシュなブランドとして、旬な要素をカジュアルに表現。手に取りやすいプライスも相まって話題のエムエスジーエム。デザイナーはマッシモ・ジョルジェッティ、2009年からスタート。

7

BANGLE
by
Philippe Audibert

Gold Plated Bangle

バングルの重ねづけは
これがなきゃ始まらない

フィリップ・オーディベールのメタルバングル

おしゃれの軸がカジュアルな今、アクセサリーは“こなれ感”演出のためにも欠かせない。といっても、いかにも「華やかさをプラスしました」という盛り方では逆効果。あたかも「肌身離さずつけているから、もう私と一体化してるんです」と、意識していない風のさりげないつけこなし方が大切。それを手元で可能にしたのが、フィリップ・オーディベールのバングル。メタルパーツをゴムでつないだものなのだが、手首にフィットするから動きの邪魔にもならないし、好みの幅や色を自由に重ねればいいだけ。ファッション通の間でも、使いすぎてゴムが延びてしまい、リピート買いする人続出。

Brand story

'90年代から活躍するパリのアクセサリーデザイナーブランド。数年前から展開するメタルブレスレットが爆発的にヒット。日本でも多くのセレクトショップが継続取り扱いをしており、人気のほどがうかがえる。

8

PENDANT
by
Mizuki

Extra-long Pendant

胸元のアクセントは華奢から強さへ

ミズキのロングペンダント

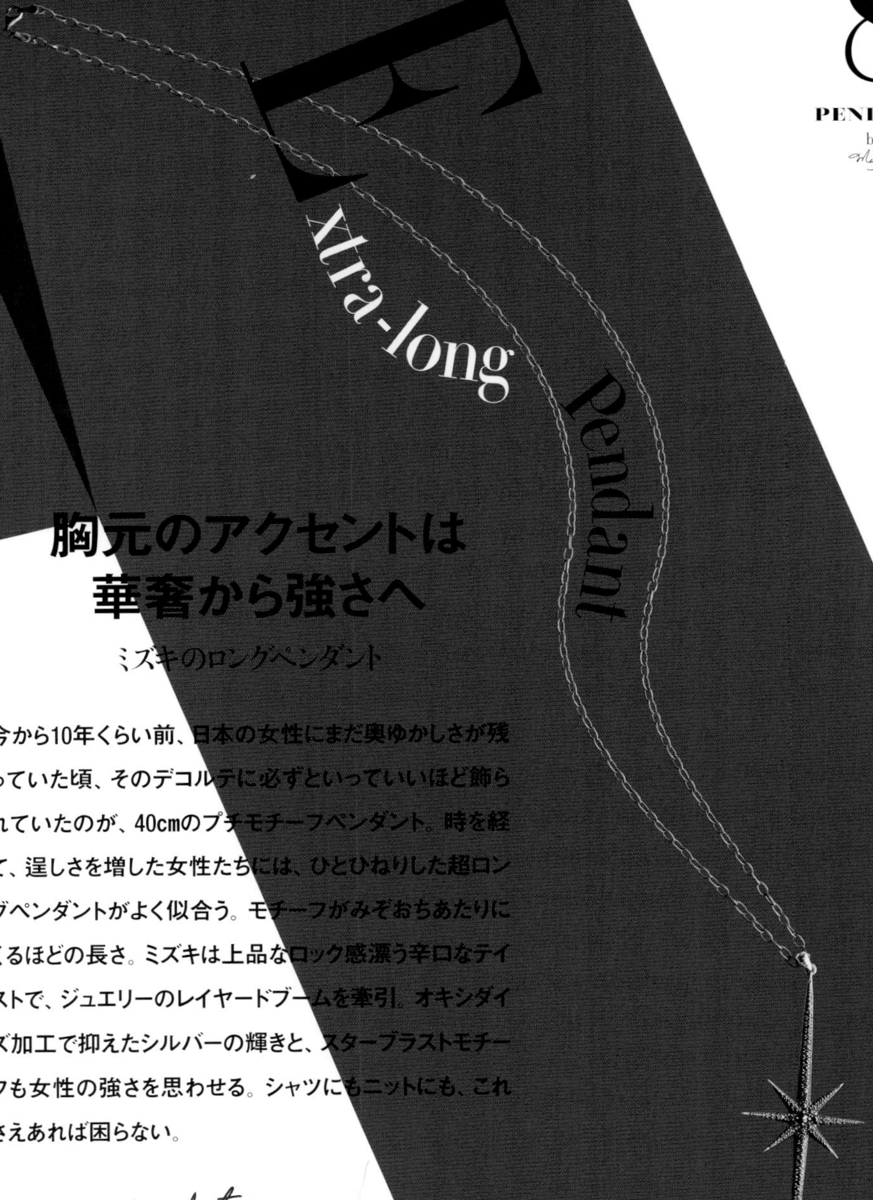

今から10年くらい前、日本の女性にまだ奥ゆかしさが残っていた頃、そのデコルテに必ずといっていいほど飾られていたのが、40cmのプチモチーフペンダント。時を経て、逞しさを増した女性たちには、ひとひねりした超ロングペンダントがよく似合う。モチーフがみぞおちあたりにくるほどの長さ。ミズキは上品なロック感漂う辛口なテイストで、ジュエリーのレイヤードブームを牽引。オキシダイズ加工で抑えたシルバーの輝きと、スターブラストモチーフも女性の強さを思わせる。シャツにもニットにも、これさえあれば困らない。

Brand story

NYをベースに活動する女性デザイナー、長澤瑞によるジュエリーブランド、ミズキ。強さのあるデザインを上品で華奢に仕上げ、ここしばらくの、胸元、手元のジュエリーレイヤードのブームの火付け役に。

“It Brand” In Timeless Bag

9

BAG by Delvaux and Fontana

価値観を表す バッグはこう選ぶ

デルボーとフォンタナのバッグ

見る目も鍛えられ、ブランドのネームバリューだけに寄りかかることもなくなったけれど、ことバッグに関しては少し厄介だ。他は何を身につけていても、その人らしく着こなしていればいいけれど、バッグは時計選びに似て、普段意識していない価値観を記号として端的に表してしまう怖さがある。だから質を譲れない以上、何かしらのブランドになってくる。最近はセリーヌなど、ロゴで一見どこのブランドか判別しにくいものが主流。でもひねりのある選択なら、デルボーとフォンタナのバッグがいい。どちらも老舗で品格があり、派手すぎない。おしゃれ通の間では、こういう価値観が今密かに注目されている。

Brand story

(左)ベルギーで1829年創立した王室御用達レザーブランド、デルボー。クラシックで気品のあるデザインは、'90年代にも注目を浴びる。ストラスブルゴを始め、ラグジュアリーなショップで扱われている。

(右)イタリア・フィレンツェで1915年に創業したフォンタナ。1945年には拠点をミラノに移し、上質なレザーバッグをつくり続けている。バーニーズ　ニューヨークで扱われていることでも、注目度がわかる。

10
BOOTIE
by
Gianvito Rossi

決まる靴選びは、存在の重さ＞華奢

ジャンヴィト ロッシのブーティ

靴もまた、バッグに近い存在だけれど、結局消耗品である以上、そこまでの価値観は問われない。代わりにもっと狭く“女”としてのアピールを問われる。映画『私が靴を愛するワケ』で、ある心理学者が「ピンヒールをはいた瞬間、人は女になるんです」と言っていた。最近のペタンコ靴やおじ靴ブームは、女性たちの「無理は止めた宣言」でもあり、女度の低下でもある。納得できる反面、切なさもある。強さは残しても女も忘れたくない。だから両方を兼ね備えたブーティを選ぶ。ジャンヴィト ロッシのブーティは、シーズンごとに進化する洗練されたフォルムが美しい。グレージュなど中間色を選ぶと、強さのなかに抜け感が生まれる。

Brand story

有名なシューズデザイナー、セルジオ・ロッシを父に持つ、ジャンヴィト・ロッシ。父のもとで経験を重ね、2007年にデビュー。美フォルムで表現したシンプルな靴にファンが多い。

Chapter 2

STRIVING FOR BALANCE AN

第二章

一瞬で、女度バランスがとれる

FEMININITY IN AN INSTANT

2013年秋、着こなしの最終的な仕上がりとして目指すところは、華やかな女らしさより、ミニマムなかっこよさ。とはいえトレンドは行き着くところまでいけば、必ず揺り戻しが起こる、不確かなもの。
肝心なのは時代の流れに右往左往しない、自分らしいバランス感覚だと思う。テイストと価格に振り幅を持たせたミックスコーディネートでメリハリをつくることで、全体の印象に抜け感という隙をつくる。塩を効かせることで甘さが引き立つような意味で、料理をイメージするとわかりやすい。そのなかでトレンドに応じて中心軸を微妙に変えてみる。そういう自分流の配分を決めると失敗がない。

冒頭でも紹介したけれど、今なら王道定番と進化形シンプル服で6割、ブランドインパクト１割、そしてフェミニンアイテム3割というのが、決まりやすい黄金配分。多くの分量を占めないからこそ、フェミニンアイテムの質が問われる。女らしい甘さは濃厚すぎても鬱陶しいし、ハッピーで健康的な甘さというのも大人には扱いづらい。ましてや安っぽい甘さはもってのほか。’60年代風のクラシックな上品さをベースに、少しアンニュイな雰囲気のものを選ぶと辛口シンプル服にも合わせやすいし雰囲気が出しやすい。
ひとつのコーディネートのなかに常に入れ込むことが難しければ、クローゼットのなかの配分と考えて。ディナーに行く日に、フェミニンアイテムを投入してみる。そういう一週間でのバランスでもいいと思う。

No Dress-up No Life

11
DRESS
by
N°21

ドレープで巧みに細見え

ヌメロ ヴェントゥーノのワンピース

フェミニンアイテムの代表格、ワンピース。買いのポイントは、シンプルでありながら、デザインで細く見えるように仕上げられているかどうか。ドレープという布のたわみを利用すれば、身体に付かず離れず、腹部など気になる部分を巧みにカバーできる。そのドレープをデザイン上でも優雅なアクセントとして成立させているかどうか。ワンサイドにこれを配したヌメロ ヴェントゥーノの一着は、ドレープとリボン、衿の配色だけでヨーロッパの往年の女優のような世界観に仕上げている。他にボディコンシャスなタンクワンピースの両脇部分に、黒い別布でシャドウをつくる新種のテクニックで、視覚効果を利用した知能犯的な細見えにも注目したい。

Brand story

N° 21と表記してヌメロ ヴェントゥーノと読む。ファッション関係者のなかでも人気の、2010年にスタートしたイタリアのブランド。デザイナー、アレッサンドロ・デラクアによるバランスのいい服がそろう。

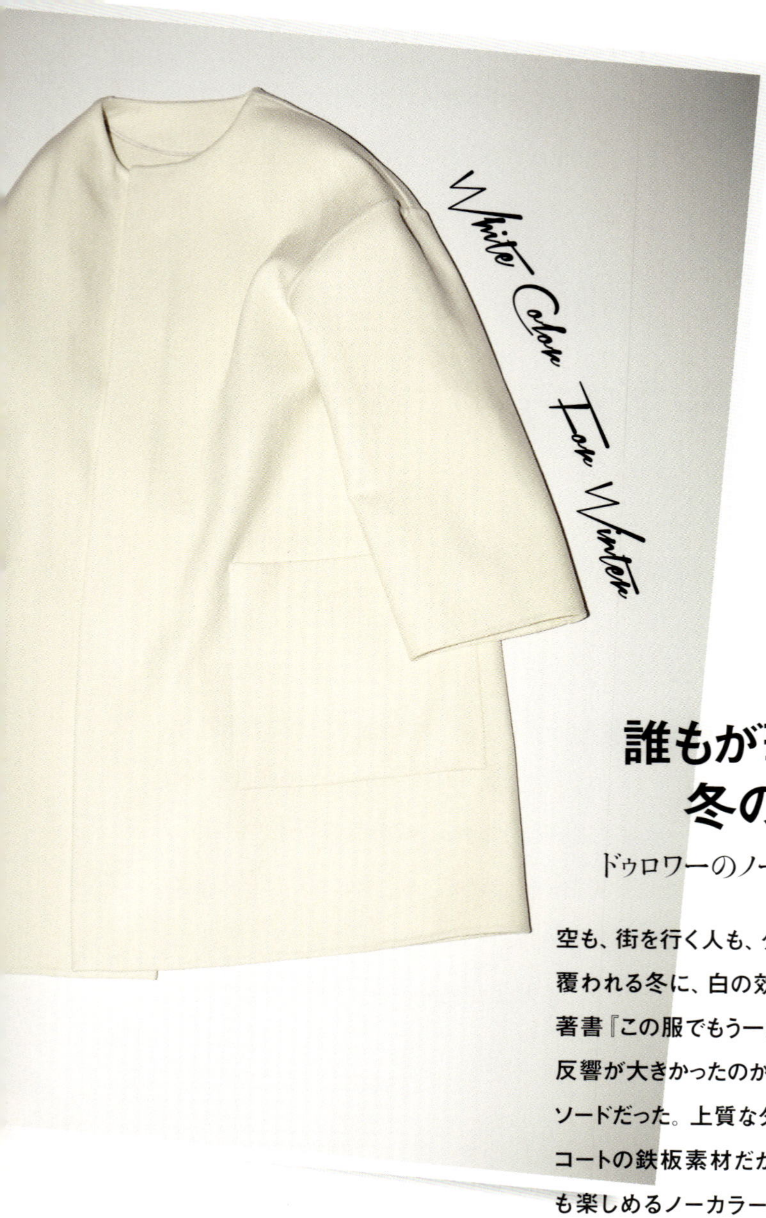

12

COAT

by

Drawer

誰もが華やぐ冬の白

ドゥロワーのノーカラーコート

空も、街を行く人も、グレイッシュな色調に覆われる冬に、白の効果は絶大。最初の著書『この服でもう一度輝く』のなかでも、反響が大きかったのが冬の白デニムのエピソードだった。上質なダブルフェイスは冬のコートの鉄板素材だが、その質感をもっとも楽しめるノーカラーコートもまた白がいい。素っ気ないグレーのタートルネックニットとパンツにさらっとはおる。ワンピースでレディライクに装うこともできる。ミニマムに仕上げたドゥロワーのコートは、袖を通しただけで一瞬で華やぐ。

Brand story

ユナイテッドアローズ社による、大人のためのセレクトショップ、ドゥロワー。クラシックな魅力をベースにした、程よい甘さのあるオリジナルは、飽きのこないエターナルな魅力を持つ。

13

LACE
KNIT
by
Sacai

レースの女らしさはカジュアルに表現する

サカイのレースニット

女らしさを象徴するレースに憧れはあるけれど、ブラウス？　それともスカート？　日常着のなかでどんな風に取り入れるべきか、少し悩ましい。気になっているのは、カジュアルな着こなしのなかで大げさに見えないかどうか、という点。それを解決するのがサカイのニット。得意とする後ろ身頃に量感をもたせたデザインで、着るとふんわりと揺れる。その特徴的なディテールにレースを配し、ニットのカジュアル感と融合しているのだ。ボトムにはパンツを合わせて、レース以外はカジュアルにまとめるのがコツ。

Brand story

サカイは阿部千登勢による日本発のブランドで、パリコレにも参加する実力派。スタンダードをベースに、独特なシルエットと異素材合わせから生み出される服は、おしゃれ賢者がこぞって個人買いするほどの人気。

14

PEARL
by
Miriam Haskell

最強パールのロングネックレス

ミリアム ハスケルのロングネックレス

もしアクセサリーはひとつしか持ってはいけないなんて、無茶なお題があったら、迷わず選ぶのはパールのロングネックレス。上品さと清潔感を併せ持ち、これほどまでに対応力があるアクセサリーを他に知らない。美しい艶を放つ本物から、軽さを売りにしたコットンパールまで、玉の種類もさまざま。セレクトショップのマルティニークが別注したミリアム ハスケルの一点は、バロックパール風の自然な凹凸と少し黄みがかったパールで、正統的すぎない。クラスプ部分に大きめのパールを配しているのも、さりげないアクセント。

Brand story

1899年生まれのミリアム・ハスケルは、'20年代からコスチュームジュエリーの製作を始めた先駆者。本物の光沢を模した、美しいバロックパールは圧巻で、VOGUEのカバーを飾るなど人気を不動のものに。

15

PUMPS
by
Rupert Sanderson

女度を補給する美パンプス効果

ルパート サンダーソンのパンプス

出かけるとき、その日の予定を思い浮かべながら玄関先で一瞬迷う。今日はこの靴でOK？　靴選びは一種の決意表明だ。仕事の日には緊張感がもたらす「たやすく無茶な要望は出せないでしょ」という防衛であり、「この条件はのんでいただきます」的な威圧。プライベートなら、「本日は“女”やってます」宣言。だったら絶対的に美しい一足でなければ！　私の推し靴は、官能的な美フォルムと歩きやすさが共存したルパート サンダーソンのパンプス。深いパープルと艶のあるパテントレザーの一足は、乾いた肌がぐんぐん水分を吸い込むように、最近欠け気味な女度をぐぐっと上げてくれる。

Brand story

2001年にスタートしたルパート サンダーソンは、マノロ・ブラニク、ジミー チュウと同じくイギリスのシューズブランド。「Less is more」を哲学に生み出されるシューズは、シンプルな女らしさが香る。

16

BAG

by

Givenchy

by Riccardo Tisci

クラッチバッグってなぜ女っぽい?

ジバンシィ バイ リカルド ティッシのクラッチバッグ

クラッチバッグは、物を運ぶための袋というバッグ本来の役割を超えている。正直持ちやすくはない。けれど片手で持つ仕草や、小脇に挟む所作には、何ともいえない色気が漂う。不安定なものには安心感はないが、代わりに隙が生まれる。そう、その隙こそが色気の正体。注目され始めた10年前は携帯さえも入らないほど小さく、アクセサリー的な要素が強かったが、今は収納力のあるビッグクラッチが人気。そのうえジバンシィ バイ リカルド ティッシのバッグみたいに、薄型なら昼はトートに入れてポーチとして、夜の食事会にはクラッチとして華やぐ、なんて賢い使い分けも。

Brand story

オードリー・ヘップバーンの映画衣装で知られるユベール・ド・ジバンシィが1952年に設立。2005年よりリカルド・ティッシがクリエイティブ・ディレクターとなり、ジバンシィのエレガンスをモードに昇華。

17

RING
by
Gianmaria Buccellati

観賞物としてのリング

ジャンマリア ブチェラッティのリング

リングはファッションの一部なのに、コーディネートで効かせるには小さすぎ、思うほど効果が見込めない。代わりに自分の眼で観賞できるからアートのような意味を持つ。着こなしとあまりにチグハグでは困るけれど、完全な一目惚れ買いでいい。元来ロマンティック好きな私は、ジャンマリア ブチェラッティの花のリングにミラノで恋に落ち、５分後にはもう手に入れていた。

Blooms

Brand story

1750年ミラノで創業した老舗ジュエラー。芸術性の高い作風を、ファミリーの次世代女性がフレッシュな感性で仕上げたのが「Blossoms」。モードなセレクトショップ「10 コルソコモ」で扱っていることからも感度が伝わる。

18

PIERCE
by
Gem Palace

Influence

女はジュエリー神話に弱い!?

ジェムパレスのカラーストーンピアス

ジュエリーは肌に触れる高級品ゆえ、要望も高い。大抵の女性が心動かされる殺し文句は「パワーがあるんですよ」。ジェムパレスのピアスはインド発。インドではチャクラを守るために宝石を身につけたとされ、身を守るといわれるゴールドは贅沢に22金を使用。アメシストは隠れた魅力を引き出し、出会いを呼び込むとか。これなら少し高くても、ごほうび買いの言い訳できるはず！

Brand story

1728年インド・ジャイプールで、カスリワル家により創設されたジュエリー。北インド王家がパレスにアトリエを設け、お抱えでつくらせてきた。カラフルな色石のジュエリーは、世界各国のセレブリティを魅了し続けている。

19
LINGERIE
by
Formentera

美しい人の、美しい裏方

フォルメンテーラのプッシュアップブラ

ランジェリーって基本的には（！）見せないおしゃれ。それだけに女の心意気を左右する。特に女の象徴、バストを包むブラジャーはなおさら。完全な裏方と割り切って機能優先とするか、美学を盛り込んで艶めくか。バストに自然な丸みをもたせると評判を呼び、20年近いロングセラーのフォルメンテーラのプッシュアップブラ#511は、レースとスパゲティストラップが繊細。補整力と美しさが共存した、力強い裏方。

Brand story

フォルメンテーラは、インポートランジェリーの美しさに惹かれたスチューディオ新野が1995年イタリアで生産をスタート。この人気定番＃511をベースにつけ心地を追求しドクターが監修した「リネアピュ」もチェック。

20
TANK TOP
by
Oscalito

ファンタジーは隠して楽しむ

オスカリートのタンクトップ

カジュアル好きで、ランジェリーさえ女っぽさ排除なんて人も最近は多そう。35歳を過ぎたら、それはちょっと危険。人生にファンタジーを求めない心の表れでもあり、自然と現実的で合理的になっていく。オスカリートのタンクトップは、ローゲージのニット＋チェックのパンツ+ローファー的スタイルの人でも、抵抗なく取り入れられる女っぽさ。一枚のタンクトップが心の潤いになることもある。

Brand story

1936年イタリア・トリノ創業のアンダーウエアブランド。シルクやエジプト綿など上質な天然繊維に、リバーレースを添えたタンクトップが人気。ザ シークレットクロゼットなどセレクトショップでの扱いも多い。

色感覚を鍛えて、際立つ方法

Bvlgari *2013 High Jewelry*

色の感覚は、持って生まれたセンスや環境で培われるところが大きいけれど、大人になっても研ぎ澄ます努力はできる。アートに触れる機会を増やしたり、日ごとに変化する夕暮れや草花の微妙な色に敏感になったり。私はブルガリでこのブローチを見たとき、色合わせの独創性に心を奪われた。瑠璃色がかったサファイアのブルーと鮮やかなレッドコーラルとの大胆なコントラストは、個性的な色使いを得意とするブルガリだけにしかないセンス。こういう良質な刺激をたくさん受けて、それを自分流に再解釈することがスタイルづくりには大切。

センスがよく見える色合わせ 6

1. ブラック × ネイビー

黒を少し女っぽく見せたいときに効く。

2. ホワイト × カーキ

夏の白を大人っぽく仕上げたいときに。

3. ダークブラウン × アイスブルー

重い色調を軽やかでフェミニンに見せる。

4. グレージュ × オレンジ

人気色、グレージュに合うアクセント配色。

5. ミント × ボルドー

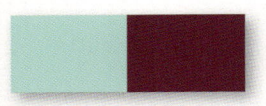

レトロな雰囲気を楽しめる色合わせ。

6. ウルトラマリン × レンガ

知性と温かみが同居する、秋冬向きの色。

Chapter 3

A WARDROBE OF QUALITY A

第三章

一瞬で、
引き締まった
印象に

D SIMPLICITY IN AN INSTANT

シンプルな服であればあるほど、素材のクオリティが大切になり、決め手はシルエットになってくる。ピリッと、スタイルよく見せるという点では特に！　だから真実をいえば、ほんの一部をのぞいては服に一生ものは存在しないと思う。革は別だけれど、どんなに高級な素材であっても布は年月が経てばへたってしまう。そして稀に何十年も体型が変わらないという人もいるけれど、シルエットにこそその時々のトレンドが凝縮されているから、着ることはできたとしてもどこか違和感がある。トレンドがひと回りして、例えば10年前に流行った「’60年代調」がまた巡ってきたとしても、柄やディテールよりシルエットがいちばんアップデートされているのだ。スタイリストの知人が主催するフリーマーケットに時折参加しているが、“持ってけ泥棒”級のプライスで、そういうアイテムを並べても、案の定マイ・クローゼットに出戻りしてくる。

だからといって使い捨てを推奨しているわけではない。一生は無理だとしても、スタンダードは5年着られるかどうかを基準に選びたい。新しく投入するアイテムを違和感なく寄り添わせる役割も担うし、全身の印象も引き締めてくれる。少し遊びのあるファッションにも社会性を持たせてくれるから、上質素材の高級感は必要。となると当然プライスもそれなり。でも投資の元を取ろうと考えて使用期間を一生と設定してしまうと、「永遠の定番」なんてキャッチフレーズで誘惑する、もっとも無難なものを選ぶことになる。たった今も、30年後も、冴えない印象でよければそれでもいいけれど。

21

JACKET

by

Stella McCartney

21世紀のハンサムウーマンへ

ステラ マッカートニーのテーラード

メンズアイテムだったジャケットは第一次世界大戦後、女性に普及し始め、その後シャネルやアルマーニらの仕立て方の構造改革によりソフトな着心地を実現したことで、女性のワードローブに定着した。政治家の麻生太郎のファッションが時折話題になるが、さすが老舗テーラーで仕立てているだけあって、見惚れるジャケット姿だ。そしてそれは彼のユニークさをカバーする威力を発揮している。そう、ジャケットの凜とした佇まいは立派な印象を与え、大人を助けるのだ。背広の語源という説もあるイギリスのサヴィルロウという、本格的なテーラー街で学び、今の感性を融合したステラ マッカートニーのテーラードジャケットは、カジュアルに着ても無理がなく、着る人を立派に見せてくれる。

Brand story

デザイナーのステラ・マッカートニー自身のセンスはもちろん、毛皮や皮革を使わないエシカルなファッションに対する姿勢も共感を呼び、人気に。ポール・マッカートニーの娘であり、自身もベジタリアン。

22

SKIRT

by

Prada

大人の女像にとらわれないで ！

プラダのスウィングスカート

思い込みは、時としてあなたを小さなカゴに閉じ込めてしまう。おしゃれはもっと自由でいい。例えば大人の女のスカートと聞いて、どんなデザインを思い浮かべる？　日本人の多くは、タイトスカートと答えるかもしれない。けれどタイトスカートは脚さばきも悪く、窮屈。体型もカバーしてくれない。自ずとスカートから遠のく。イタリアではモードなスカート姿のマダムをたびたび見かける。しかも堂々たる女っぷりをいい意味で裏切る、イノセントなシルエット、まるでこのプラダのスカートみたいな。デザイナー自身がグラマーなマダムだから、魅せポイントを熟知しているのだろう。ヒップラインで切り替えてから量感を出す、量感との対比で脚も細く見えるなど、着やせの面でも実はワザあり。

Brand story

1913年ミラノで皮革専門店からスタートして誕生したブランド。現在のデザイナー、ミウッチャ・プラダのリアルクローズと革新が融合した魅力的なスタイルは、常にミラノコレクションを牽引する存在。

23

CARDIGAN

by

Jil Sander Navy

妥協せず
とことん選び抜く

ジル・サンダー ネイビーの
カーディガン

日常着で汎用性を競ったら、カーディガンの右に出るものはない。組み合わせられないアイテムを探すほうが難しい。そのうえストールのようにも使えると、40代以上には懐かしい石田純一的“プロデューサー巻き”も復活とか！　そこまで着回し力を求めるなら、徹底的に条件を突き詰めたい。①ジャケット代わりとしての上質感、②3シーズンはおれる薄手のハイゲージ、③フェミニンに転ばない前立てリブの太さとボタンのサイズ、④長すぎないロング丈、⑤ベーシックな中間色。行き着いたのはミニマムスタイルを得意とする、ジル・サンダー　ネイビーの象徴、ネイビーのロングカーディガン。

Brand story

ミニマムスタイルの先駆者、ジル・サンダー。そのカジュアルラインとして2011年デビューしたジル・サンダー ネイビー。「ピュア、シンプル、着やすさ」がキーワードで、おしゃれ通に人気上昇中。

24

PANTS
by
Le Verseau Noir

最強パンツを探しているなら

ル ヴェルソー ノアールのテーパードパンツ

ものづくりの姿勢として、長く共感している店がある。恵比寿の住宅街に小さな店を構え、現在は丸の内の仲通りにも展開するラ フォンタナ マジョーレだ。そのオリジナル、ル ヴェルソーノアールは、ベーシックなカラーとデザインだけで構成され、シーズンごとに微差で進化。それはもうミリ単位のこだわりで成り立っていて、どんなトレンドがきてもブレない。しかも日本人がきれいに見えるシルエットが、イタリア製で手に入る。腰回りに少しゆとりがあり、先に向けて自然に細くなったテーパードパンツは、かっこいい大人の日常を支える鉄板アイテム。

Brand story

日本人オーナーがイタリアのファクトリーで生産。トレンドを遊んでしまう女性をイメージしたオリジナル、ル ヴェルソーノアールを中心に、丸の内、恵比寿、名古屋のショップではインポートのセレクトも扱う。

25

DENIM

by

AG

and

Superfine

大人が持つべき 2大デニム

エージーのボーイフレンド スーパーファインのスキニー

デニムがオンタイムの服として市民権を得て10年強。私たちも、いろんなデザインにトライして学んだ。特殊すぎるシルエットも、行きすぎたダメージ加工も大人には不必要。インディゴブルーのボーイフレンドとブラックのスキニー、この2本があれば十分。エージーのボーイフレンドは、上品なヴィンテージ感とはきこみの適度な深さが大人向き。少しフェミニンな服にも合う。逆にスーパーファインのスキニーは、ぴったりフィットするストレッチで、クールなかっこよさを演出したいときに最適。

Brand story

（左）エージーはデニムの神様、アドリアーノ・ゴールドシュミットによる、LA発プレミアムデニムブランド。大人がはきやすいシルエットとトレンドを把握したデザインとの絶妙のバランスで、継続した人気を誇る。

（右）2003年にロンドンで誕生したデニムを軸にした、ロックマインドのスーパーファイン。象徴であるスキニージーンズは、脚がきれいに見えるとケイト・モスなどファッションセレブが愛用している。

26

DOWN
COAT
by
Hetregó

ファッションと
重衣料の境界線

エトレゴのダウンコート

ダウンを単なる防寒目的で選んだ途端、それはもうファッションアイテムじゃなくて重衣料になりさがる。そこにある大きな隔たりは、スタンダードを選ぶときに覚えておきたい指針だ。ポイントはワザありパターンを使ったシャープなシルエットと、素材感のわずかなひねり。それらがあるかないかで雲泥の差になる。モンクレールも、デュベティカも素敵だけれど、記号としてメジャーになりすぎた。「人と同じ」が好きじゃない私が推したいのは、エストネーションで見つけたエトレゴ。ダウンを着たときの着膨れ感がなく、ウール素材とファー使いの洗練された雰囲気が絶妙。

Brand story

1916年創業のイタリアのダウンメーカー、ミナルディ社によるブランド、エトレゴ。ダウンの原毛から製品化まで一貫生産。山の湧き水を使った洗浄方法でつくる上質なダウン。有名ブランドのファクトリーでもある。

27

BOOTS
by
Sartore

有名百貨店もお墨付きの、エターナルな名品

サルトルのライディングブーツ

大人はチープな靴を選んではいけない。全身のなかの面積が大きいロングブーツはなおさら。季節限定でフォルムもあまり変わらないから、メンテナンスをして長く使いたい。フランスで生まれたサルトルは、創業80年余の老舗。飾り立てない変わらぬ姿勢で、現在はイタリアの職人技で製作。艶のあるなめし革の質感、まっすぐで潔いフォルムは、乗馬靴の気品を表現。靴の品ぞろえでも他の追随を許さない伊勢丹新宿店が、サルトルのブーツを10型ものバリエーションでそろえていることでも注目度がわかる。

Brand story

1959年フランスでその前身が生まれ、現在はイタリアを生産拠点とするシューズブランド。シグニチャーである乗馬ブーツは、深い色合い、フォルムの美しさに定評がある。

28

BELT

by

Maison Boinet

チラ見えの美学

メゾン ボワネの細ベルト

面積が少ないからと、ディテールを手抜きする人は全身の印象も決まらない。深いV開きに合わせるキャミソール、冬場のクロップトパンツからのぞくソックス、そして動きで時折見えるベルト……。パンツの着こなしは、ベルトの配色、金具やレザーを、さりげなく効かせるかどうかで差がつく。メゾン　ボワネのベルトは、幅もバックルの形もミニマムで辛口なのに繊細なところが決め手。

Brand story

1858年パリ生まれの老舗ベルトブランド。メンズのベルトを手掛けていたが、ここ数年高級感のあるレディースものを展開。上品ななかにトレンドが香るデザインで、多くのセレクトショップで扱われている。

29

TIGHTS

by

Pierre Mantoux

マットななかの透け感が鍵

ピエールマントゥーの50デニールタイツ

小物というより、秋冬のワードローブと考えたいのがタイツ。この選び方には実は年齢が関係してくる。若ければマットで透け感のない80や100デニールもいいけれど、大人にはわずかな透け感が放つ艶が必須なので50デニールがベスト。ベルベットのような滑らかな質感の、ピエールマントゥーの「ベルーティン 50」はシックで品のいい中間色がラインナップされているのもうれしい。

Brand story

1932年創業メーカーによる、イタリアの最高級レッグウエアブランド。故ダイアナ妃も愛用。肌触りのよさはもちろん、ファッショントレンドを意識した繊細で洗練された豊富なカラーにファンが多い。

Chapter 4

CREATING THE PERFECT STY

第四章

一瞬で、一目置かれる

ファッションはひとつの自己表現だから、「私はこういう人なんです」と望んでアピールしても、逆に「別に人のためにおしゃれはしていないから」と無関心を決め込んでも、周囲はあなたのおしゃれを通して、どんな人なのかを少なからず読み取ることになる。だとしたら私はそれを生業としている以上、ある程度意識して計算することをおすすめしたい。それは嫌らしいことでも何でもない。45歳を過ぎたあたりから、おしゃれに気を配ることはつくづく他人に対するマナー、と気づかされている。素敵なものを身につけている人と時間を共有することは、華やかさをお裾分けされているようで気分がいいし、リラックスしたテラスでビールを飲みながらくつろぐときには、できれば相手にも場に合ったユルめのおしゃれで来てほしい。

おしゃれはそういうものだから、ブランドの名品を持つときには、なんらかの覚悟が必要。「さすがよね、××のジュエリーを選ぶとは」と羨望の眼差しで一目置かれることもあれば、「え、××のバッグ持つなんて意外」とか「ふ〜ん、××の靴をはくってことは結構ミーハーなんだ」とかなんとか。噂好きなオバサマ調の外野の雑音なんて気にしちゃいられないけれど、持つ以上そのことは頭に入れておきたい。面倒くさくもあるし、はっきりとどこのブランドか、わかりやすすぎるものに抵抗があるなら、有名ブランドの隠れ名品か知る人ぞ知るブランドの逸品がいい。この選択のひとひねりが、品の良さにつながる。

30
BAG
by
Louis Vuitton

ロゴで勝負しないブランドバッグ

ルイ・ヴィトン パルナセア ラインのSCバッグ

ある雑誌でバッグ選びの基準を取材したところ、軽さや収納力と同様に、ブランドのロゴが控えめなものという答えが返ってきた。最近はブランドバッグでもそんな声を反映したデザインが目立つが、このSCバッグはルイ・ヴィトンのアイコン「スピーディ」や「キーポル」から着想を得て、映画監督のソフィア・コッポラとコラボレーションし、すでに2009年に誕生。デイリーバッグNo.1人気のソフトボストンの元祖であると同時に、ブランドを誇示しないセンスをいち早く持つとは、やはりルイ・ヴィトンには抗えない魅力がある。

Brand story

1854年、旅行鞄専門店として創業。以来モノグラム、ダミエなどを使ったエターナルなバッグを生み出す。またここ10年以上レディースのアーティスティック・ディレクターはマーク・ジェイコブスが担当。

31
LOAFERS
by
Gucci

メンズライクな靴、大人はこう選ぶ

グッチのホースビット ローファー

ベーシック人気でトラッド靴に再注目が集まっている。ロールアップしたパンツにさらりと合わせたいところだがスタイルをごまかせないし、大人にとってはどんなデザインを選ぶべきかが悩みどころ。誕生60周年を祝い「1953コレクション」として再解釈されたグッチのホースビットローファーなら、似合う一足が見つかる。チュブラー構造という高度な技術による、インソールのないソフトなはき心地はそのままに、木型は少し細長くすっきりと進化。何よりきれいなピンクを始め、美しいカラーが新鮮。

Brand story

1921年フィレンツェで誕生、乗馬の世界から着想を得たアイテムが人気となり、現在ではイタリアを代表するブランドに。ホースビットのほか、竹を使ったバンブー、緑・赤・緑のウェブラインなどが有名。

32
LEATHER
JACKET
by
Loewe

使い込んで一生ものにしたい服

ロエベのレザー・ジャケット

数少ない一生ものになり得る服がレザージャケット。ロエベのレザー・アイコンズ・コレクションを見れば、じっくり着込んで艶を放つときのことを想像して、ワクワクするだろう。特徴はロエベならではの上質レザー。スペイン、ピレネー山脈で飼育されたエントレフィーノラムという柔らかく耐久性に優れた最上級品種を使用。食用羊の副産物であり、エシカルな配慮も行われているから安心。バイカー以外にライダース、トレンチなど10種類がオールブラックで展開されている。

Brand story

スペインの高級皮革工房として、1846年にスタート。王室御用達ブランドでもあり、なかでもナパレザーのクオリティは他の追随を許さない。バッグではボストン型の「アマソナ」がロングセラー。

33
STOLE
by
Saint Laurent

ブランドの鮮度は オーラとなる

サンローランのベイビーキャット ストール

ブランドも新たな解釈によって時代とともに進化する。サンローランもそのひとつ。創始者イヴ・サンローランの引退後、数人のクリエイティブ・ディレクターがブランドを担ってきたが、昨年エディ・スリマンが就任。アイコンを持ち味のロックテイストで表現している。タキシードの美しさも秀逸だが、大人がさりげなく取り入れるなら、レオパードをクールにアレンジしたベイビーキャットのウールカシミアストールがおすすめ。さらりと巻くだけで、研ぎ澄まされたオーラが漂う。

Brand story

故イヴ・サンローランが1961年に創業し、プレタポルテというシステムを生み出した。2012年3月エディ・スリマンがクリエイティブ・ディレクターに就任。エッジの効いたデザインで新スタートをきっている。

34
PENDANT
by
Tiffany & Co.

スキンジュエリーは最高峰で差をつける

ティファニーのダイヤモンド バイ ザ ヤード

ラグジュアリーな輝きも、これ見よがしでなく身につけたい――いかにさりげないかが、今一目置かれるポイント。そんなことから“スキンジュエリー”という、肌に馴染む輝きが注目されている。その代表格がティファニーのダイヤモンド バイ ザ ヤード。モダンな作風で、オープンハートなどティファニーに数々のヒットをもたらした、エルサ・ペレッティのデザインと聞けば納得だろう。小さな一粒ダイヤモンドの華奢さに惹かれるが、大人にはある程度存在感のある煌めきが効く。

Brand story

ブルーボックスでおなじみの、1837年NYで生まれたプレミアムジュエラー。繊細でフェミニンなデザインが魅力。有能なデザイナーとも契約しており、その代表がエルサ・ペレッティ。

35
SHOES
by
Roger Vivier

女優靴に魅せられて

ロジェ・ヴィヴィエのベル・ヴィヴィエ

'60年代のヨーロッパ映画の女優ファッションは、私のおしゃれ感覚に大きな影響を与えた。『太陽はひとりぼっち』のモニカ・ヴィッティ、『男と女』のアヌーク・エーメ、そして『昼顔』のカトリーヌ・ドヌーヴ。サンローランの衣装を着た優雅なドヌーヴが、劇中ではいていた靴こそ、ロジェ・ヴィヴィエのベル・ヴィヴィエ。もちろん現代的に多少進化しているが、艶やかなパテントレザーのレトロ感漂うミドルヒール、大胆なシルバーのスクエアバックルは健在。タイムレスなデザイン＝無難ではないことの象徴だ。

Brand story

シューズデザイナー、ロジェ・ヴィヴィエが1937年パリでスタート。有名ブランドのシューズも手掛けていた。現在はブルーノ・フリゾーニがデザインしており、2013年9月東京では初の店舗が松屋銀座にオープン。

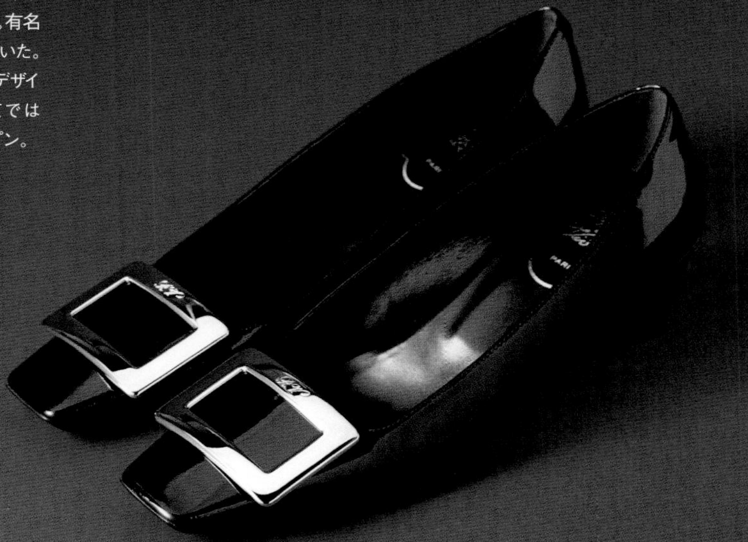

36
RING
by
Boucheron

絆を感じる
パーソナルリング

ブシュロンのキャトル

アクセサリー感覚のリングは観賞物でもあるが、毎日身につけるなら絆を感じるものを選びたい。大切な人との思い出だったり、自分のストーリーを映し出したものだったり。目に見えない力を与えてくれるものでありながら、着こなしの邪魔にならないシンプルなデザインが理想。ブシュロンのキャトルは、異なるゴールドとダイヤモンド、セラミックをグラフィカルにセットしたリング。シンプル派のおしゃれの手元にこのリングが輝いていたら、趣味の良さで一目置かれるはず。

Brand story

パリのヴァンドーム広場に最初にブティックを開いたことで知られるハイジュエラーで、創業は1858年。芸術性が高く、遊び心のあるモダンなデザインが特徴。スネークモチーフがブランドのアイコンでもある。

37
WATCH
by
Jaeger-LeCoultre

時計選びにはご用心？

ジャガー・ルクルトのマスター・ウルトラスリム

時計には人生観が強く投影される。それはどんな環境で生活するか、何を大切に生きるかのプライオリティといったこと。安い買い物でないから、毎日つけていたいと思えるものを厳選する過程のなかで、私らしさが見えてくる。だからこれが絶対、とは言いたくないし、自分に似合う一点を探してほしい。よくいえば男前な私が選ぶなら、ジャガー・ルクルトのマスター・ウルトラスリム 38 。メンズ仕様38㎜のビッグフェイスの時計を極限まで薄く仕上げ、無駄をそぎ落としたシンプルなデザイン。究極を追求した本物だけが放つ存在感に圧倒される。

Brand story

1833年創業のスイスの時計ブランド。ムーブメントから自社で一貫生産する数少ないマニファクチュール。1931年に発表した回転できる時計「レベルソ」は、メゾンを象徴する時計である。

Chapter 5

RAISING YOUR STOCK IN THI

第五章

一瞬で、株が上がる

STYLE STAKES IN AN INSTANT

ファッションエディターという私の仕事は、人と人のつながりがとても大切で、コミュニケーション力が求められる。そのなかでちょっとした気遣いができる人は、ネットワークも広がり、人脈を強固なものにできる。それはこの仕事でなくても同じなのだけど、ことセンスを求められる仕事である分、相手も自分も要求が高い。

例えば、新作発表のイベント。ローンチする商品自体の魅力がいちばん重要なのは当然だけど、プレゼンテーション次第で輝き方はいかようにも変わる。いかにゴージャスかではなく、気が利いているかどうか。そう、求められるのはセンス！　モスキーノがメルカート（市場）をイメージしたコレクションを打ち出したときに振る舞われたのは、オーガニックな野菜のスープやフィンガーフード。クリスチャン　ディオールがムッシュ　ディオールへのオマージュを捧げるコレクションを発表したときには、彼が愛したスズランの小さな鉢植えがギフトとして配られた。PR担当者はそんなふうに商品のイメージやテイストを反映させて、数多くの新作を目にする私たちプレス関係者に世界観で訴えかけ、強く印象に残るよう工夫している。

ファッションって、実は服ばかりのことじゃない。時代、関係性、タイミング……空気を読んで打ち出す自分らしいセンスであり、生活すべてにおいてのスタイル発信だと思う。

何かとギフトのやりとりが好きな家庭で育ち、そもそも美味しいものに目がない私は、こうしてセンスを鍛える機会にも恵まれた。そんななかで出合ったギフトリストを、この本を手に取ってくださった方へ私からギフトとして贈りたい。

38

FLOWER
by
Jardins des Fleurs

Brand story

東京・南青山の裏通りに、実験ラボのような店舗を構えるジャルダン デ フルール。主宰する東 信は、アーティストとして国内外で自身の作品を発表するほか、海外の有名メゾンとのコラボレーションも行っている。

王道ギフトこそ、センスが勝負

ジャルダン デ フルールのフラワーアレンジメント

いつもらってもうれしいし、困ったら迷わず花のギフト、である。けれど鉄板だからこそ、他のものよりもセンスが浮き出てしまう。相手の好みを理解しているか、高級感はあるかどうか、状況にあっているか、その見極めもセンスのひとつ。まずは信頼できる花屋2～3店を、自分のアドレスに用意しておこう。私の場合、仕事上こだわりの強い人との関わりが多いから、フラワーアーティストの東《あずま》 信《まこと》によるジャルダン デ フルールが頼りになる。濃厚な色彩感覚と独創的な花選びで、他にはない神秘的かつモードなアレンジメントをつくり上げてくれる。植物の美しさと、見たことのないサプライズも届けたいから。

おしゃれなグリーティングカードを探すなら

この夏、丁寧な文章が手書きされた暑中見舞いが届いた。時候のご挨拶さえ簡略化される昨今、その一通は清々しくも涼をもたらしてくれた。温もりのあるやりとりが忘れられがちな時代だからこそ、そういう心配りが心に残る。私はお礼用にThank youカードをストックしているが、気に入ったデザインに出合えずにいた。けれど偶然ネットで見つけた、ペーパーツリーというカード専門店が、その悩みを解決してくれた。

Peper Tree　欧米の美しいデザインやウィットのある一枚など、紙好きにはたまらないおしゃれなグリーティングカードがそろう。1. ¥1,250（8枚入り） 2. ¥600 3. ¥600
東京都千代田区九段北1-4-7　☎03-3261-9884　http://www.papertree.jp

センスがいい パッケージで 差をつけたいなら

女同士の食事会や、ホームパーティには、開けた途端に盛り上がる、見た目も大切。

39

ル・プティ・スエトミの華ふうせん

京都の老舗、京菓子末富の、軽やかで美しい麩焼き。オープン間もないカフェのみのアレンジ版は、季節で変わる焼印入りの特別仕様。

40

デメルのサワースティック

ウィーンの名店、デメルはチョコレートで有名。けれどお酒好きの私のおすすめは、チーズやペッパーの効いたほんのり甘いクッキー。

41

ハーロウ！のリップバーム

仕事仲間が手掛けるヘルシーなジュースバーで見つけたリップバーム。オーガニック、フェアトレードの原材料を手作業で混合。

42

パティスリー リョーコのケークキャラメル

甘党でない私をも魅了する焼き菓子。香ばしいキャラメル味にナッツの食感がアクセント。しっとりとした質感がたまらない。

43

スモーレスト スープ ファクトリーのスープ

スープって癒やしの食。トスカーナの野菜と豆の煮込みスープは、100%ナチュラル&オーガニックのオランダ発のホームメイド。

44

パーク ハイアット 東京のポークリエット

尊敬するボスとの思い出の一品。豚肉に背脂を加え、冷やし固め滑らかなペースト状に。愛嬌のある陶器ポットもギフトには最適。

45

ソープトピアのハンドメイドソープ

LA発のロンハーマンが中心に扱う、植物の自然な色や香りの天然素材ハンドメイドソープ。ギフトにはドライフラワー付きボックスも。

46

ハワイ生まれのコナビール

夏のおもたせにぴったりな、ハワイの地ビール。酵母が生きている無濾過の本格派ビールは、男女ともに喜ばれるおしゃれなパッケージ。

47

丸八製茶場の加賀いろは・梅テトラ

私のルーツ、金沢の加賀ほうじ茶は、葉を焙じた香り高い味わい。九谷焼の転写技法でおめでたい柄を描いた缶入りのテトラ型ティーバッグ。

48

ボナのプレミアムチョコレート

1856年創業のフランスのショコラティエによる、単一品種のカカオ原料を使った板チョコ。リッチな赤のパッケージもギフト向き。

49

銀座千疋屋のフルーツサンド

高級フルーツ店ならではのフレッシュ＆リッチな材料と、変わらぬ味わいにホッとするおもたせ。レトロなバラの包装紙がまた魅力！

日常を豊かにする
小さな贅沢を
おすそ分け

気心の知れた友人やファミリーには、
日常をグレードアップする"使える"贅沢を！

50

パン オ フゥのバゲットトラディション

フランス産小麦粉を3種ブレンド、ゆっくり発酵し旨みを引き出す伝統製法を採用。香ばしく深い味わいはパン好きな私がハマる味。

51

紀州・石神邑《いしがみむら》のしそ漬け梅干

梅干しの美味しさに気づかされた一品。粒ぞろいの紀州の南高梅、しその葉を使った柔らかい食感を口に含めば、幸せな気分に。

52

築地・丸山海苔店の初代 彦兵衛

51の梅干しとこの海苔のセットは最強ご飯の友。佐賀の初摘み海苔の極上品を厳選した完璧な味わい。梨園や有名鮨店にも卸す名店の味。

53

とよんちのたまご 王卵

ある大晦日、すき焼き用にと庶民派の街"むさこ"で見つけた卵。独自の飼料で千葉で育てた赤鶏の卵は、濃厚な黄身の美味しさが絶品。

54

ファエッラのパスタ パッケリ

自家製法を頑固に守る、ここのパスタを食すとイタリアへ妄想旅ができる。パスタ本来の味わいを楽しむなら、絶対この大きなパスタ！

55

サンジュリアーノのマーマレード

ジャムにもひとくせ求める私はマーマレード派。フレッシュで苦みの効いたこちらは、シチリア貴族のレシピをフェラガモ令嬢が継承。

56

GMTのシナモンアップル グラノーラ

友人スタイリストからのギフトで知った、自家製グラノーラ専門店。厨房で焼き上げられたばかりの味わいは、香ばしさがやみつきに。

57

ムラカ社の無添加トマトピューレー

感動した本場の味が蘇った一品。3kgものトマトを塩のみで味付けしたシンプルで力強い味。伊大使館御用達の名店、エリオの折り紙付き。

58

マルナオの黒檀八角箸&スプーン

日常使う箸類はモダンなものが少ない。職人技が光る新潟・三条のマルナオの逸品は、見た目も、手に持ったときのフィット感も絶妙。

59

ジャスのタンブラー

レモン×ロータスの個性的な色合わせに一目で惹かれたジャスのタンブラーは、お茶でもビールでも。食卓が華やぐ色器が私は好き。

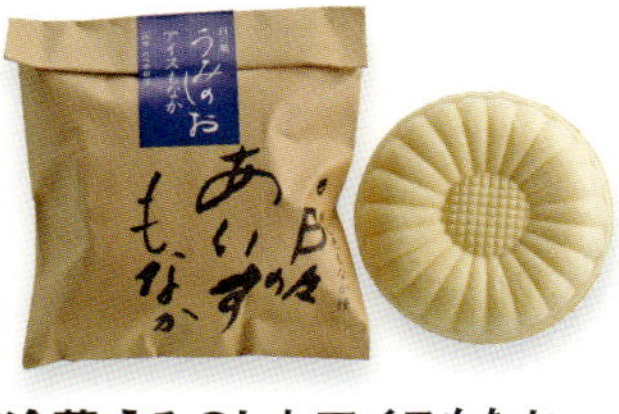

60

松崎冷菓 うみのしおアイスもなか

スーパーでも美味を見逃せない私は、土佐の素朴な味わいを発見。自然の味にこだわり、室戸岬の海洋深層水を使ったさっぱり懐かしい味。

61

うち山の鯛めし弁当

歌舞伎の幕間にと用意したのがきっかけで、仕事で女優の撮影に差し入れても好評。二段の白木折の箱のなかに日本の美学を凝縮させて。

62

ランバンのフラワーホールピン

ジャケットの衿のホールに花を差す、メンズの伝統的な飾り方。ランバンらしい洗練された小さなフラワーピンは、女性でも使いたい美しさ。

美学のある凛とした心を届けたい

時代が進んでも変わらない思いを、ギフトに託す。形を超えたメッセージを込めて。

63

竺仙の風呂敷

浴衣で知られる日本橋の名店。大判でしっかりとした綿素材に、上品な発色で縁起のいい七宝柄を描いた風呂敷には、浴衣同様の品格が漂う。

64

アスティエ・ド・ヴィラットのインセンス

食器が人気のブランドには世界の都市をイメージしたお香も。ネパールのナムチェバザーは、シトラスをベースに微かに干し草の匂いが香る。

65

マヤオーガニックのバーディラトル

インドでフェアトレードによりつくられる、ハーブやターメリックなど100%自然塗料の木製ガラガラ。子供の感性に影響を与えるはず。

マイ・ヴィンテージになり得るのは、愛あるもの

Bamboo Tote

“断捨離”が一時ブームになったけれど、私は捨てるものを選ぶ行為が性に合わない。だから、逆にずっと大事にしたいものを選ぶことにした。そんな風に逆説的に考えを切り替えたら、私らしさを再確認できた。そうして厳選したものは、決して一般的な一生ものじゃないことに気がつく。例えばこのグッチのバンブートート、普通なら黒や茶なのだろうけれど私はボルドー。20年近く前に手に入れて何年かに一度使っていたが、ライナーが経年劣化していたものを張り替え、広がりかけていたバンブーのカーブを補整して今年再デビュー。「何通りにも着回せる」無難より、「愛を注げる」個性こそが一生もの ！

My Vintage Collection

Icon Motif Bag

シャネルはキルティングバッグ以上に、10年以上前に購入したアイコンモチーフバッグを私はよく使う。

フォルム的に今はくのは少し難しいけれど、作品としてキープしたい'95年頃のプラダの靴。

Rose shoes

Pearl

赤と緑の石入りパールセット。ドナテラ・ペリーニのアクセサリーはイタリアらしい上品さ。2005年頃。

Chapter 6

CHERISHING THE ART OF BEING

第六章

一瞬で、凛として見える

VELL-PRESENTED IN AN INSTANT

着こなしにリラックス感が求められるようになると同時に、折り目正しさや清潔感といったオーセンティックなことが忘れられてしまうようになった。だけど大人の女性は、今イケてるファッションを投入していることより、そういう礼節をわきまえていることのほうがむしろ大事。内面の美しさが知性を表現し、凜として見えるかどうかのボーダーラインなのだから。
それは近所の人に道で会ったら「おはようございます」「こんにちは、暑いですね」などと声をかけたり、季節の挨拶や日本の風物詩を大切に思う気持ちといった、ごくあたり前の常識にも通じる。ごく自然に身についている人からは、育ちの良さがにじみ出る。
そんな風に凜として見えることは、人としての高級感へとつながるし、初対面の人にとっては、信頼感にもなり得る。若いときはきちんとすることばかりを重んじる人が堅くて面白みに欠けるようにも思ったけれど、40歳を過ぎたらそういう女性のほうが断然魅力的で輝いているし、周囲の評判もいい。

この章ではつい手抜きをしがちな、寒い冬や雨の日など気候的なハンディがあるとき、それから仕事のシーンなどで、きちんと感が効果的に出るアイテムをピックアップ。カジュアルななかにもひとさじの緊張感を——。その心がけがあなたを輝かせるはず。

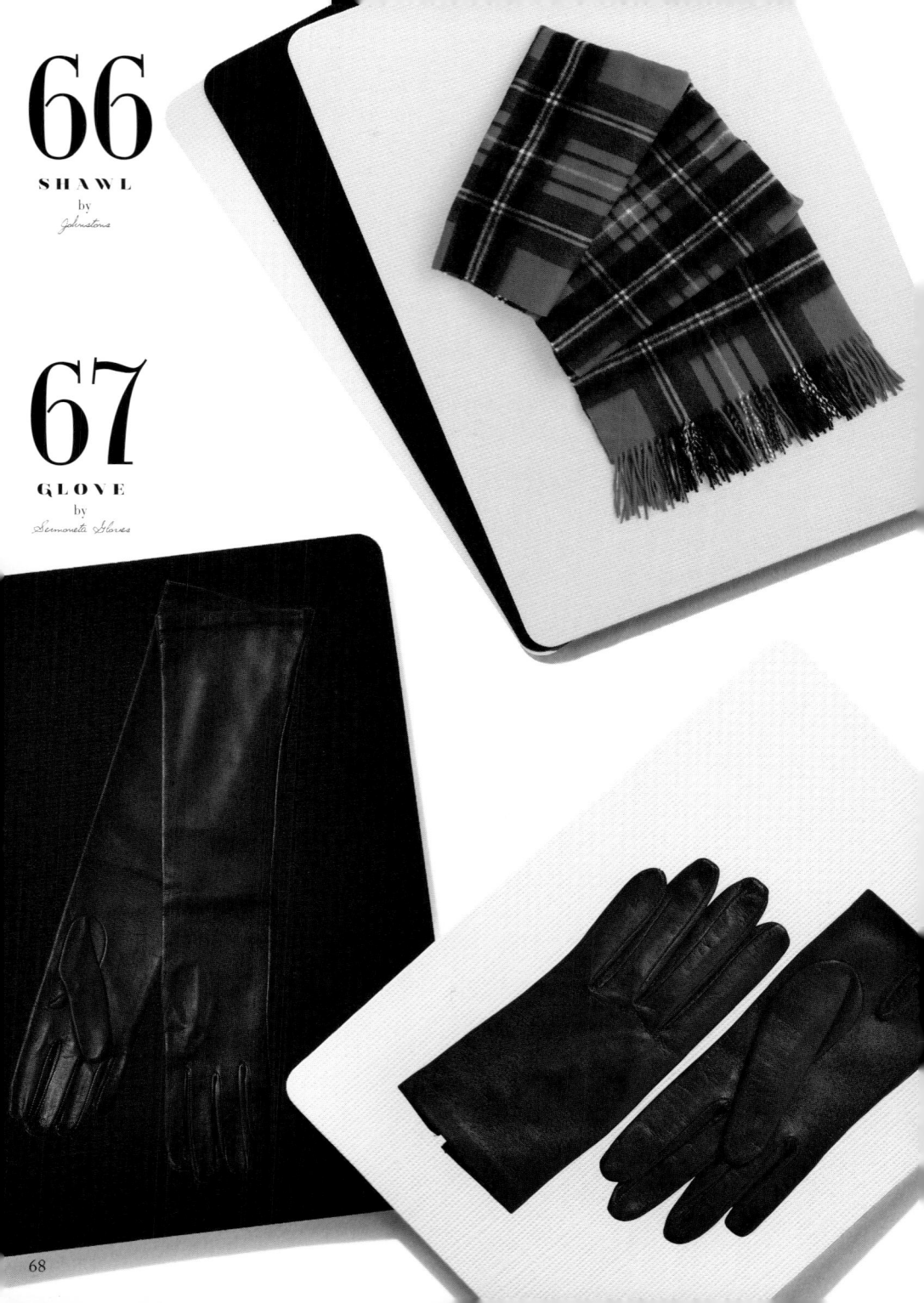

66

S H A W L

by

Johnstons

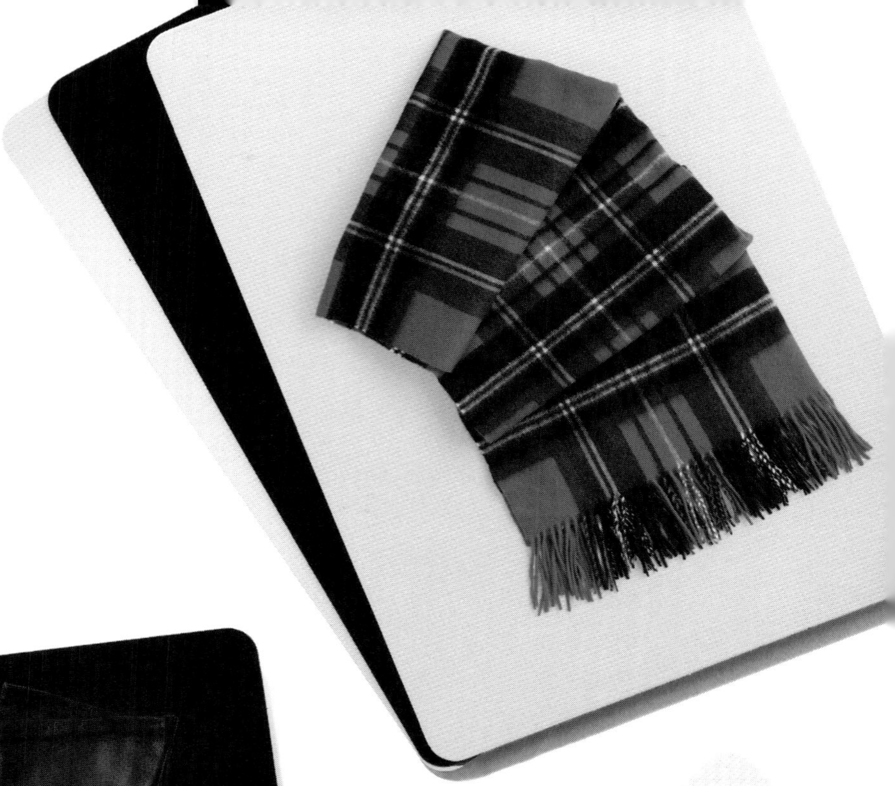

67

G L O V E

by

Sermoneta Gloves

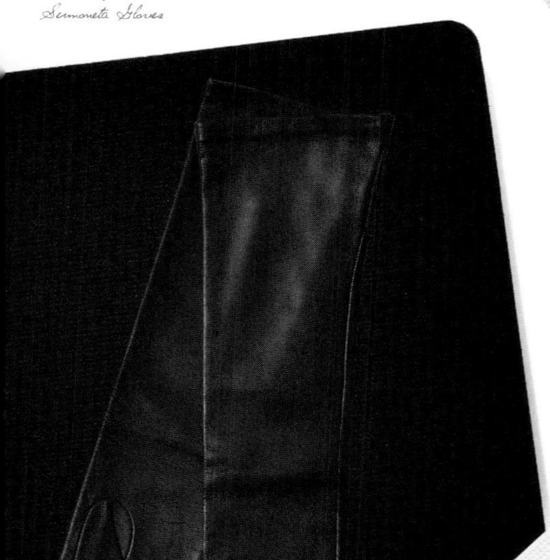

冬のおしゃれは端正に格上げ

ジョンストンズのカシミアショール
セルモネータ グローブスのレザーグローブ

風が冷たくなると、防寒対策の小物合わせがおしゃれを決める。シンプルなコートをどう味付けするかが腕の見せどころ。ファーやニットものもいいけれど、もっと端正な上質感が大人には必要。首元には滑らかな質感の大判カシミアショール。大人のハズシとして選ぶなら、英国の老舗、ジョンストンズの赤をベースにした正統的ブリティッシュチェックの一枚がおすすめ。手元には使い込んで艶の出たレザーグローブを。イタリアのセルモネータ　グローブスは、フィット感や耐久性などの質感を重視し、仔山羊や鹿革を使ったシンプルな美しさに定評がある。色展開も豊富なので、数種用意しておくとコーディネートの幅が広がる。

Brand story

66　ジョンストンズは1797年にスコットランドで創業した素材メーカー。カシミア、ビキューナなど高級素材を選毛からニッティングまで一貫生産工場でつくり上げる。

67　セルモネータ グローブスは1964年ローマでスタート。コストパフォーマンスの良さとカラフルな色で人気に。各国の人の手の特徴を研究し、微妙にサイズ感を変えているのだとか。

68

PEN
by
Parker

自信を後押ししてくれる仕事名品

パーカーのインジェニュイティ スリム
カミーユ・フォルネの名刺入れ

モノは道具として以上の力を発揮することがある。仕事小物はそれが顕著。安っぽくて冴えないものを使っている人は、なんだか信頼がおけないし、仕事もレベルが低いかもと疑りたくもなる。使うときに自信を後押しするような、こだわりの名品がいい。手帳に書き込むときに、さりげなく持ち出すのはパーカーの最新ペン、インジェニュイティ スリム。書き味が尋常じゃなく滑らかで、オフ白のボディにピンクゴールドのアクセントは女性好み。それから、初対面の印象を決める名刺入れはカミーユ・フォルネの高級感が効く。私は白レザーを使っているけれど、名刺を出すときにちょっと誇らしい気持ちになる。カーフ×リザードのバイマテリアルのデザインもリッチで、こだわりが伝わる。

Brand story

68　万年筆のインク漏れを防ぐシステムを発明し、1888年にその歴史をスタートしたパーカー。常に時代の先をいく革新的な商品をつくり出している。アイコンのアロークリップは行動力や方向性などを示す力を表現。

69　馬具職人だった創業者の「最高の製品を手作りで」という精神のもとに、1945年時計ベルトからパリで創業したカミーユ・フォルネ。特にエキゾティックレザーを得意とする。現在は革小物、バッグも手掛けている。

69

CARD CASE

by

Camille Fournet

70
HANDKERCHIEF
by
71
Aesop.
Ginger Flight Therapy
Roll au Gingembre pour Voyager
Ginger Root • Lavender • Geranium
Uplifting pulse point therapy for in-flight or office use.
AROMA
by
72
iPhone
i Phone CASE
by

バッグのなかに宿る女の本質

H TOKYOのリネンハンカチ
イソップのロールオン コンセントレート
iTattooのiPhoneケース メインディッシュ

バッグのなかは、ある意味プライベートな部屋のなかを覗くようで興味深い。やたら整理して収納する人あり、心配性でいろんなものを詰め込んで移動する人あり、着る服はすごくエレガントなのにそこだけやたらファンシーな人あり……。ここにはその人の女としての本質が見え隠れする。注意力散漫な私はよくこぼす、汚す。だから何がなくてもハンカチ！　女性ものはラブリーなデザインが多くて落ち着かないので、メンズ向けH TOKYOのシンプル系が好み。シャリ感のあるリネンの肌ざわりが心地いい。打ち合わせが続いて頭がフリーズしかけたとき用に、首筋につけるイソップのアロマもリフレッシュにおすすめ。本来は飛行機の移動時用なので、持ち運びに便利なロールオンなのもうれしい。iPhoneのケースは、アップルのアイコンを巧みに利用したiTattooのアイデアに脱帽。バッグのなかはパーソナルなものだからお好み次第ではあるけれど、意外と見られていることもお忘れなく！

Brand story

70　H TOKYOは東京・三宿にあるメンズ中心のハンカチ専門店。国内生産で、天然素材のハンカチが常時200種類もそろう。イニシャル刺繍にも対応。丸の内のKITTEにもショップがある。

71　オーストラリアで1987年にスタートした、スキンケア、ヘアケア、ボディケア製品を手掛けるイソップ。植物由来成分と研究を重ねた非植物性成分を配合。ヘルシーな香りも魅力。

72　セメント プロデュース デザインによる、「iPhoneの素肌にタトゥーを彫ったらどうなるか」という発想から生まれたiTattoo。Appleロゴと絡めた豊かなデザインを15種類以上展開。

73

SHOES
by
Melissa+
Karl Lagerfeld

雨の日をポジティブに楽しむ

メリッサ+カール・ラガーフェルドのレインシューズ
マリア・フランチェスコの傘

夏の夕方にはゲリラ豪雨がやってきたり、地球温暖化の影響か、以前より雨の日が増えたような気がする。いちばん困るのは足元。大事な高級靴を濡らして台無しにはしたくないから、用心してレインブーツをはく。ただいくらおしゃれなレインブーツでもゴム長靴であることに変わりはなく、ホテルやレストランに行くことになっている日には不向き。ずっと靴としても遜色のないレインシューズを探していて出合ったのが、メリッサとカール・ラガーフェルドのコラボもの。ポインテッドトウでストラップ付きのエッジの効いたデザインは、パンツにもスカートでもスマートに決まる。それから傘のこと。随分前に相当なお気に入りをレストランの傘立てで失くしたトラウマがあり、ついつい使い捨てみたいなものばかり使っていた。けれどしっかりと仕事がしてある名品傘の、凛とした姿は捨てがたい。トップメゾンのファクトリーでもあるイタリアの老舗、マリア・フランチェスコの傘は、品格を感じるデザイン。グダグダになりがちな雨の日こそ、上質レイングッズがモチベーションを上げてくれる。

Brand story

ブラジル生まれのメリッサは、特殊プラスティック、PVC素材を使ったシューズのブランド。ゴムのにおいを緩和するフルーティな香りも特徴。多彩なデザイナーとのコラボレーションも毎シーズン話題。

74

UMBRELLA

by

Maglia Francesco

Brand story

1854年創業、イタリアで最古の歴史を持つハンドメイドの傘ブランド。魅力は重厚感のある高級な木材使い。そのハンドルと中棒を一体化する技術は難しく、それを可能にしているのは熟練の職人技があってこそ。

75

HAT

by

Helen Kaminski

Brand story

2013年に30周年を迎えたオーストラリア発の帽子ブランド、ヘレン カミンスキー。定番のラフィアで編んだハンドメイドの帽子は、サイズ調整も簡単で、折り畳んで持ち運べるとあって日本にもファンが多い。

76

SUNGLASSES

by

Ray-Ban

Brand story

1837年アメリカで生まれ、現在はイタリアを拠点とするアイウエアブランド、レイバン。このウェイファーラーのほか、ティアドロップ型のアビエイターなど、長く愛される名モデルを多数手掛ける。

夏の太陽を言い訳にして

ヘレン カミンスキーのパナマハット
レイバンのサングラス ウェイファーラー

薄着になる夏のおしゃれもまた、小物が力を発揮する。帽子とサングラスが夏小物の2トップ。海外のセレブリティがさりげなくつけこなしているのを見ると、「トライしてみようかしら……」なんて、一瞬その気にはなるものの、大人になりすぎているせいか、自意識過剰なのか、未だに私は気後れする。街なかで正直、帽子（今風にいえばハット）だけ浮いて寅さん風になっている人とか、偽セレブみたいな人、失敗例を見かけるせいもあるかもしれない。そんな奥手な人が夏小物、特に新タイプのデザインに挑戦するときには、王道ブランドから選ぶといい。パナマハットは被りやすいデザインに定評があるヘレン カミンスキーが、程よくフェミニン。サングラスは映画『ティファニーで朝食を』でオードリー・ヘップバーンがつけていた、レイバンのウェイファーラーがおすすめ。Tシャツにデニムのシンプルカジュアルも、一瞬でクールな着こなしに仕上がる。あとは灼熱の太陽を言い訳にすれば、怖いものなし。

Chapter 7

WAYS TO BOOST YOUR MOOD T

第七章

一瞬で、気分が切り替わる

ROUGH FASHION IN AN INSTANT

おしゃれにはいろんな作用や効果があるけれど、仕事用のジャケット姿からイージーなカットソーに着替えるだけで、心のスイッチを切り替える効果がある。旅に出るときも同じだ。春に吉野山への花見旅に出かけたとき、「たった一泊だし、登山級の散策だし、カジュアルで歩きやすいスタイルでいいわ」と、可能な限りコンパクトなワードローブで出かけた。けれど欲張りな私は宿にも宿泊以上の+αを求め、クラシックホテルとして知られる奈良ホテルまで足を延ばすことに。というのに、ディナー用のワンピースを迷ってキャリーケースに入れなかったのだ。重厚で品のいいレストランで、自分的に納得のいかないラフなパンツ姿。ここでワンピースに着替えていたら、気分が切り替わり、この時間がもっと豊かなものになったのに、と後悔しきり。

だからオフの日にはオフの日の、オフィシャルな日とは違うおしゃれで切り替えて楽しむべき。洋服はもちろん、部屋でくつろぐときのアイテムや、美味しいお家ごはんのためのアイテムだって一緒。どの瞬間も自分らしい心地よさにこだわって、日々を大切に過ごすことが毎日を豊かにする秘訣だと思う。

大人になると、あっという間に過ぎ去る季節や思いがけない別れに、時間の大切さが身にしみる。悩む日があっても、できるだけ切り替え上手になって、人生を心ゆくまで満喫したい。

77

SWEATER
by
Massimo Alba

豊かさを肌で感じる服

マッシモ アルバのカシミアセーター

何度も訪れているわけでもないのに、私はイタリアに恋している。子供の頃にはソフィア・ローレンに憧れ、プラダが好きで、パスタは毎日でも構わない。小さいことにはこだわらず、人としての大らかさで勝負している感じがいい。すべては人生になじむかどうか、豊かさの捉え方に惹かれているのかもしれない。それを体現しているのがマッシモ アルバのカシミアセーター。美しい日本庭園を有する店で行われたデザイナーの来日パーティでは、服は空間になじむように控えめに配され、彼が考える真の贅沢が伝わるものだった。肌寒い冬の休日の朝、この柔らかいセーターに袖を通した瞬間、きっと誰もが幸せを噛みしめるだろう。

Brand story

名立たるカシミアブランドでキャリアを積んだ、マッシモ・アルバが2006年イタリアで創業。これみよがしでないラグジュアリーを提案。特に手仕事でつくられるニットウエアは独自のテイスト。

78

SKIRT
by
James Perse

休日、女らしさは無造作に香らせる

ジェームス パースのマキシスカート

休日のカジュアル＝パンツと思いがちで、女らしさはトップスで加えることばかりを考えてしまう。ジェームス パースのスカートは、足首が隠れる大胆なマキシ丈。そのドレッシーなシルエットとジャージーのリラックス感がミックスされて、なんともいえない抜け感のある女らしさが漂う。トップスはあえてボーイッシュに。足元にはスニーカーやバイカーブーツ、少し無骨な感じのコントラストが欲しい。コーディネートの意外性や極端さが、おしゃれっぽさをつくるといういい例。

Brand story

ヘルシーなムード漂うジェームス パースは、LA生まれ。心地よい肌触りのアイテムは、感度の高い女性たちに人気。東京・青山のほか、2013年自由が丘にも路面店がオープン。

79

T-SHIRT
by
La't
by L'agence

大人のボーダー、どう選ぶ?

エルエーティー　バイ　ラジャンスのボーダーTシャツ

「ボーダー女子って、モテないよね」なんて声も聞こえてくるけれど、大人の女が着るボーダーって、ギャップがあって、それはそれで格別。でもどんなボーダーを選ぶかが問題。太めボーダーは、Tシャツでは太って見えるから避けるべき。細めで白×黒のはっきりした色合わせのボーダーが、シックで女っぽい。しなやかな薄手素材で、身体の線を少し感じさせて！　今選ぶなら断然クルーネック。この条件を満たすのが、エルエーティー　バイ　ラジャンスのボーダーT。ボーダーに限らずだけど、Vネックは肌見せの女っぽさが、少し老けて見えることもあるから要注意。

Brand story

マーガレット・マルドナードによるアメリカ発のラジャンスは、リラックスした女らしさのあるシンプルスタイルが人気。そのカジュアルラインであるエルエーティー　バイ　ラジャンスも同様の魅力を持つ。

80

SNEAKER

by

Superga

Brand story

イタリアのスニーカーブランド、スペルガ。クラシックモデルである#2750は完璧なフォルムでブランドを象徴するロングセラー。型はそのままでアレンジした新鮮なデザインが話題。

モードな遊び心で気分を解放して

スペルガのスニーカー

オンタイムのファッションは、私のような自由な職業でない限り、会社員なら会社員の、主婦なら主婦の社会性が求められるもの。そういうしがらみから解放されるオフの日は、思い切って大胆なチャレンジをしてみよう。特にスニーカーはわかりやすい例。ド定番の白スニーカーはさわやかで憧れたりするけれど、かえって難易度高し。スペルガの人気定番#2750をベースに、シルバー&スタッズ使いでモードに進化させた一足ならはくだけでおしゃれ。上品な輝きなので意外に合わせやすく、マキシスカートにも、スキニーパンツにも相性がいい。

81

BAG
by
Anteprima/
Wirebag

このバッグにはカフェが似合う

アンテプリマ/ワイヤーバッグのイントレッチオ

洋服以上に絶対切り替えたいのが、オフの日のバッグ。できれば仕事のことは忘れて、休日そのものを楽しみたいから、バッグが同じなんてあり得ない！　アンテプリマ/ワイヤーバッグのイントレッチオは、オフの日が似合うバッグ。ショッピングがてらカフェでブランチといった、気取らないけれど女子っぽく華やぎたいシーンにぴったり。レザーは印象が重いし、コットンやカゴじゃ素朴すぎる。そんな隙間にこのシックな輝きが求められる。なかにはインナーポケット付きの巾着もついているなど、女性デザイナーならではの細かな配慮も人気の理由。

Brand story

荻野いづみが考案したワイヤーバッグは1998年に誕生し、大ヒット。編める素材として、メガネのストラップ素材に出合ったことに端を発する。熟練の職人技を要し、小さいサイズでも一人一日バッグ一点しか編むことができない。

82

TOWEL

by

Hamam

肌に触れる瞬間の心地よさ重視

ハマムのボディ タオル マリン

まるでホテルのように、同じ白のタオルで統一というのもインテリアとしては理想だけど、その境地にはなかなか達せない。ならば、そのとき望む肌触りやデザインを少しずつそろえればいい。トルコのスチームバス、ハマムをイメージしたタオルはラインとフリンジが特徴のデザインで、表のガーゼ素材が吸水性に優れ、さらりとしていて気持ちがいい肌触り。日本の気候や住宅環境では、いくら高級でも厚すぎて洗濯後乾きが悪いものは向かない。そういうことも重要な選びの基準。

Brand story

トルコのテキスタイルメーカーがファッションデザイナーと組んで、伝統的なスチームバス「ハマム」をイメージし、2002年にスタート。世界のホテルやスパなどでも扱われるなど、極上の肌触りが評判。

83

SLIPPERS
by
Ugg Australia

このふわふわはルール違反！

アグ オーストラリアのシープスキンスリッパ

家で使うものはタオルしかり、肌触りが選びの大きなポイント。上質で心地よいシープスキンに、オーガンジーリボンを添えたスリッパは、小動物みたいな可愛らしさ。はかなくても部屋の片隅にあるだけで和む。スイートだけどファンシーじゃない、無垢なふわふわ感は、NHKの朝ドラ「あまちゃん」で国民的女優となった、能年玲奈も顔負け。どんな人の心も癒やしてくれるはず。

Brand story

オーストラリア・バイロン湾のサーファーが、陸に上がったときに脚を温めるためにシープスキンの靴をつくり出したのが始まり。空前のブームを巻き起こしたシープスキンブーツは記憶に新しい。

84

CANDLE
by
Dayna Decker

見て聴いて解きほぐす香り

デイナ デッカーのキャンドル

明かりを消して、キャンドルの柔らかい光と香り立つアロマに身を委ねるひととき。お気に入りの香りは、凝り固まった心を静かに解きほぐす。デイナ デッカーのキャンドルは、さらにエコウッドウィックという特別な芯が、パチパチとたき火のような音を立てて揺らめく。目で見て、耳で聴いて、香りを楽しむ。癒やしとともに、空間をラグジュアリーに変えてくれる効果がある。

Brand story

薪が燃えるような音を立てて燃焼するキャンドルで知られるフレグランスブランド。モデルとして活躍したデイナ・デッカーが、生まれ育った暖炉のある家を懐かしみ４年をかけて開発。

85

APRON
by
Bertozzi

Brand story

ベルトッツィは1920年、イタリア・ボローニャ近郊で生まれたリネンブランド。職人による伝統的な手彫りの木製版型でのハンドプリントや、アーティスティックなデザインが特徴。

86

TEA POT
by
Enchan-thé Japon

Brand story

南部鉄器のカラーティーポットを2003年から取り扱うアンシャンテ・ジャポン。デザインによっては、10色近くもカラーバリエーションがある。日本ではローズベーカリーなどでも展開。

日本の匠の技を見直す

アンシャンテ・ジャポンの南部鉄器ティーポット

最近、日本の伝統工芸に魅力を感じるものが増えた。確かな職人技を、海外や若手の感覚で蘇らせているのがその理由。盛岡で約400年の歴史を持つ南部鉄器も、ヨーロッパのセンスを取り入れて重厚な黒色を美しく彩色したものを、海外限定で展開していたが、その魅力を日本でも紹介したいと、特別に発売を始める形に。このカモミールという名のポットは、小さな花の柄も可愛い。今、日本の技を改めて見直してみたい。

料理上手に見えるエプロン

ベルトッツィのリネンエプロン

知人の結婚祝いを探していて、料理好きな私自身も買ってしまったグラデーションのリネンエプロン。イタリアの職人によって、何度も塗り重ねられたハンドペイントが味わい深い。ホームパーティで招く側に立ったとき、こんなエプロンでお迎えしたら料理の腕前を水増ししてくれるに違いない。リネン特有の質感にのせたインディゴなどの美しい色彩もアーティスティック。

87

WINEGLASS
by
Baccarat

香りを引き出す、魔法のグラス

バカラのワイングラス シャトーバカラ

ウンチクめいたこだわりはないが、気分に合わせて飲みたいワインか、食べたい食事か、どちらが先とも限らないけれど、そのマリアージュを楽しむのが至福の時間。冬には牛肉の煮込み×赤ワイン、夏なら鰯のマリネ×白ワインとか。どんなワインの味わいも高めてくれるのがシャトーバカラ。ワインを水平に大きく回せる広い底部、アロマを凝縮しグラス全体に満たす緩やかに閉じたフォルム、そして垂直に立ち上がった口元はアロマを再び集めて、スムーズに滑り込ませてくれる。究極のグラスは、きっと休日の夜を特別な時間に変えてくれるだろう。

Brand story

1764年の創設以来、比類なきクラフツマンシップと革新的なデザインによる光り輝くクリスタルで世界を魅了するバカラ。ルイ18世をはじめとする王侯貴族に愛され、2014年には250周年を迎える。

INDEXS

読み終わって、おすすめした
アイテムが欲しくなったら……

1 シャツ ¥49,350
／ヴィンス（東レ・ディプロモード）
☎03-3406-7198

2 コート ¥157,500
／マッキントッシュ（マッキントッシュ青山店）
☎03-6418-5711

3 ニット ¥113,400
／レ・コパン（サン・フレール）
☎03-3265-0251

4 ストール（右下）¥29,400、
（その他）各¥24,150／デスティン（ブレッドPR）
☎03-5428-6484

5 ジャケット ¥40,950
／ベイジ，（オンワード樫山）
☎03-5476-5811［お客様相談室］

6 Tシャツ ¥9,975（参考価格）
／エムエスジーエム（アオイ）
☎03-3239-0341

7 バングル（右から）¥13,650、¥9,450、¥13,650［3連］、
¥19,950、¥14,700、¥15,750
／フィリップ・オーディベール（パピヨネ 銀座）
☎03-5524-0363

8 ペンダント［シルバー×ブラックダイヤモンド］
¥228,900／MIZUKI
0800-300-3033

9 バッグ（右）¥792,750
／フォンタナ（バーニーズ ニューヨーク銀座店）
☎03-3289-1200
（左）¥252,000／デルボー（ストラスブルゴ）0120-383-653

10 ブーティ ¥101,850（参考価格）
／ジャンヴィト ロッシ（ザ シークレットクロゼット神宮前）
☎03-5414-2996

11 ワンピース ¥100,800
／ヌメロ ヴェントゥーノ（イザ）
0120-135-015

12 コート ¥102,900
／ドゥロワー（ドゥロワー 青山店）
☎03-5464-0226

13 ニット ¥42,000
／サカイ
☎03-6418-5977

14 ネックレス ¥33,600
／ミリアム ハスケル（マルティニーク丸ノ内）
☎03-5224-3708

15 パンプス ¥73,500
／ルパート サンダーソン（デ・プレ 丸の内店）
0120-983-533

16 クラッチバッグ 各¥44,100
／ジバンシィ バイ リカルド ティッシ（サードカルチャー）
☎03-5448-9138

17 リング［シルバー×イエローゴールド］ 参考商品
／ジャンマリア ブチェラッティ（10 コルソコモ）
http://www.10corsocomo-theshoponline.com/

18 ピアス［アメシスト×イエローゴールド］
¥99,750／ジェムパレス（インフィニティ・クリエーションズ）
☎03-3980-7192

19 ブラジャー ¥16,800
／フォルメンテーラ（セ・マニフィック）
☎03-3402-2744

20 タンクトップ（白）¥9,975、（グレー・黒）各¥13,650
／オスカリート（ザ シークレットクロゼット神宮前）
☎03-5414-2996

21 ジャケット ¥136,500
／ステラ マッカートニー（ステラ マッカートニージャパン）
☎03-6427-3507

22
スカート　参考商品
／プラダ（プラダ ジャパン）
0120-559-914［カスタマーリレーションズ］

23
カーディガン ¥51,450
／ジル・サンダー ネイビー（ジルサンダー・ジャパン）
☎03-6406-0370

24
パンツ ¥35,700
／ル ヴェルソーノアール
（ラ フォンタナ マジョーレ 丸の内店）
☎03-6269-9070

25
デニムパンツ（ブルー） ¥36,750 ／エージー
（エージージャパン）☎03-3479-5260
（ブラック）¥19,950 ／スーパーファイン（ブレッドPR）
☎03-5428-6484

26
ダウンコート ¥131,250
／エトレゴ（エストネーション）
☎03-5159-7800

27
ブーツ ¥103,950
／サルトル（伊勢丹新宿店）
☎03-3352-1111

28
ベルト 各¥19,950
／メゾン ボワネ（ストラスブルゴ）
0120-383-653

29
タイツ 各¥4,410 ／ピエールマントゥー
（ステッラ ピエールマントゥー事業部）
☎03-3523-9048

30
バッグ〔H23×W36.5×D20cm〕 ¥486,150
／ルイ・ヴィトン（ルイ・ヴィトン カスタマーサービス）
0120-00-1854

31
シューズ〔H1.5cm〕 ¥58,800
／グッチ（グッチ ジャパン カスタマーサービス）
☎03-5469-6611

32
レザージャケット ¥451,500
／ロエベ（ロエベカスタマーサービス）
☎03-6215-6116

33
ストール〔200×65cm〕 ¥57,750
／サンローラン バイ エディ・スリマン（イヴ・サンローラン）
☎0570-016655

34
ペンダント（右）〔ダイヤモンド×プラチナ〕¥103,950～、
（左）〔ダイヤモンド×イエローゴールド〕¥61,950～／ティフ
ァニー（ティファニー・アンド・カンパニー・ジャパン・インク）
＊ダイヤモンドのサイズ、クオリティにより価格が異なります。
0120-488-712

35
シューズ ¥87,150
／ロジェ ヴィヴィエ（トッズ・ジャパン）
0120-102-578

36
リング（右）〔イエローゴールド×ホワイトゴールド×ダイヤモ
ンド×チョコレートゴールド×ピンクゴールド〕¥703,500、
（左）〔イエローゴールド×ホワイトゴールド×ダイヤモンド×ブ
シュロンセラミック×ピンクゴールド〕¥672,000 ／ブシュロ
ン（ブシュロン カスタマーサービス）☎03-5537-2203

37
時計〔ピンクゴールド、アリゲーターストラップ〕
¥1,606,500 ／ジャガー・ルクルト
☎03-3288-6370

38
フラワーアレンジメント〔ダリア、アーティチョーク、カンパ
ニュラピンポンマム、ルリタマアザミ、カラー、トルコキキョ
ウ、アンスリウム、アジサイ、ハラン〕¥21,000～
／ジャルダン・デ・フルール
☎03-5414-5824

39
麩菓子「華ふうせん」〔28枚入り〕 ¥1,050
／ル・プティ・スエトミ
☎075-211-5110

40
クッキー「サワースティック」〔12本入り〕 ¥1,050
／デメル（デメル・ジャパン）
☎03-3839-6870

41
リップバーム　各¥670
／ハーロウ！（Sky High）
☎03-6427-2717

42
焼き菓子「ケークキャラメル」 ¥220
／パティスリー リョーコ
☎03-5422-6942

43
「トスカーナベジタブルビーンスープ」〔400ml〕
¥1,449 ／スモーレスト スープ ファクトリー
（ユナイテッドアローズ 六本木 ウィメンズストア）
☎03-5786-0555

44 「ポークリエット」〔120g〕¥1,900
／パーク ハイアット 東京 デリカテッセン
☎03-5323-3635 shop.parkhyatttokyo.com

45 ハンドメイドソープ（ギフトボックス入り）「L.A.Squeeze」
¥1,470、（単品）「Rozilla vs.Dry Skin-ea」¥1,365／
ソープトピア（サザビーリーグ）
☎03-5412-1937

46 ビール（右から）「ファイアーロック・ペールエール」「ロングボードアイランドラガー」「ビッグウェーヴ・ゴールデンエール」〔各355ml〕各¥380／コナビール（友和貿易）
☎03-3463-7712

47 加賀ほうじ茶「加賀いろは 梅テトラ」
〔ティーバッグ2g×10ヶ入り〕¥945／丸八製茶場
0120-415578

48 チョコレート「カカオ・レアル・デル・ソコヌスコ」
¥1,680／ボナ（STEPS-M）
☎03-3554-9611

49 「フルーツサンド」¥1,050
／銀座千疋屋
☎03-3572-0101

50 バゲット「トラディション」〔350g〕¥290
／パン オ フゥ
☎03-5420-5404

51 「しそ漬け梅干」〔500g・木箱入り〕¥2,100
／石神邑
0120-37-0107

52 海苔「初代 彦兵衛」〔四切5枚入り×18袋・桐箱入り〕
¥10,150／丸山海苔店
0120-088-417 www.maruyamanori.com

53 卵「王卵」〔6個入り〕¥240
／とよんちのたまご
☎03-6426-2572

54 パスタ「パッケリ」〔1kg〕¥1,680
／ファエッラ（英内山）
☎03-3414-4378

55 ジャム「サンジュリアーノ・マーマレード」〔420g〕
¥2,100／チェリーテラス・代官山
☎03-3770-8728

56 「シナモン アップル グラノーラ」〔270g〕¥800
／Good Morning Tokyo
☎03-6452-2305

57 「無添加トマトピューレー」〔700g〕¥1,260
／ムラカ（ロイヤルティレニアン）
☎03-5213-5753

58 箸、スプーン、レスト3点セット
「Sweet Morning」¥12,600／マルナオ
☎0256-34-3741

59 タンブラー「マドラーグ」〔200ml〕¥1,890
／ジャス（日本橋三越本店 本館5階 キッチン雑貨）
☎03-3241-3311

60 「うみのしおアイスもなか」〔100g〕¥273
／松崎冷菓
0120-103-072

61 「鯛めし弁当」¥3,150
／うち山
☎03-3541-6720

62 フラワーピン（メンズ）各¥18,900
／ランバン（ランバンジャパン）
☎03-4500-6172

63 風呂敷「七宝／朱」〔約90×90cm〕
¥3,150／竺仙
☎03-5202-0991

64 インセンス「ナムチェ・バザー」¥5,040、
インセンスホルダー ¥5,250
／アスティエ ド ヴィラット（エイチ・ピー・デコ）
☎03-3406-0313

65 幼児用玩具「バーディラトル」
〔H14×W5.5×D5.5cm・0〜18ヵ月用〕¥2,310
／マヤ・オーガニック（CAST JAPAN）
☎03-5835-1943

データは、2013年9月現在のものです。本書を手に取っていただくタイミングによっては、取り扱いが終了していたり、価格変更の場合もあるかもしれません。この本では、

66 ショール〔190×70cm〕¥54,600
／ジョンストンズ（エストネーション）
☎03-5159-7800

67 レザーグローブ（ロング）¥31,500
（ショート）¥13,650
／セルモネータ グローブス（エストネーション）
☎03-5159-7800

68 ペン ¥21,000
／パーカー（ニューウェル・ラバーメイド・ジャパン）
0120-673-152

69 名刺入れ ¥52,500
／カミーユ・フォルネ（カミーユ・フォルネ　ジャポン）
☎03-3543-1212

70 ハンカチ（手前から）
¥2,940（モノグラム刺繍は¥315）、¥1,260／H TOKYO
☎03-3487-4883

71 ロールオンコンセントレート〔10ml〕¥3,360
／イソップ（イソップ・ジャパン）
☎03-6427-2137

72 iPhoneケース ¥2,940
／iTattoo（セメント プロデュースデザイン）
http://cementdesign.shop‾pro.jp

73 ラバーシューズ ¥15,750
／メリッサ＋カール ラガーフェルド
（バーニーズ　ニューヨーク銀座店）
☎03-3289-1200

74 傘 ¥28,350
／マリア・フランチェスコ（プレインピープル青山）
☎03-6419-0978

75 帽子 ¥28,350
／ヘレン カミンスキー（ヘレン カミンスキー オフィス）
☎03-3460-3007

76 サングラス ¥23,100
／レイバン（ミラリ ジャパン）
☎03-5428-1030

77 セーター ¥94,500
／マッシモ アルバ（コロネット）
☎03-5216-6515

78 スカート ¥19,950
／ジェームス パース（ジェームス パース 青山店）
☎03-6418-0928

79 Tシャツ ¥15,750
／エルエーティー バイ ラジャンス（サザビーリーグ）
☎03-5412-1937

80 スニーカー ¥10,290
／スペルガ（プロスペール）
☎03-5785-3848

81 バッグ〔H26×W40×D14cm・ライナー巾着付き〕
¥66,150／アンテプリマ/ワイヤーバッグ
（アンテプリマジャパン）
☎03-5449-6122

82 タオル〔50×100cm〕¥4,200
／ハマム（SELFULL）
☎03-6425-6457

83 ムートンスリッパ ¥9,450
／アグ オーストラリア（デッカーズ ジャパン）
☎03-5413-6554

84 キャンドル〔170g〕¥8,400
／デイナ デッカー（ステキ・インターナショナル）
☎03-3239-5231

85 エプロン ¥8,190
／ベルトッツィ（リーノ・エ・リーナ）
☎03-3723-4270

86 ティーポット「カモミール No.3」
〔H12×W10.5×D12.5cm〕¥5,880
／アンシャンテ・ジャポン
☎03-5319-1966

87 シャトーバカラ ワイングラス S ¥12,600
／バカラ（バカラショップ 丸の内）
☎03-5223-8868

それぞれのアイデアを実現できる私のおすすめをご紹介していますが、いろんな事情で同じものが入手できなくても、あなたの豊かな想像力でアレンジしてみてくださいね！

おわりに

「ファッションは廃れる。だがスタイルは永遠だ」これはイヴ・サンローランの残した言葉。この本を構成、執筆するなかで、改めてこのことを痛感した。どんな服を選んで、どんなふうに暮らすか、それは大げさにいえば時代とどう向き合い生きるか、それがスタイルなのだ。トレンドは知識としてしっかり頭に入れつつも翻弄されず、自分のセンスを信じて、生活すべてのスタイルを完成させせることが真のかっこよさにつながる。私がファッションエディターとして、またひとりの女性として、持ち前の好奇心で得てきたアイデアの数々が、あなたのスタイルづくりに少しでも役立てばとてもうれしく思う。

穏やかな春から短かった梅雨を越え、経験したことのない灼熱の夏の真っただ中まで、この本を制作している間、私の飽くなきこだわりに向き合い、休日返上で魅力的なヴィジュアルをつくり上げてくれたグラフィックデザイナーの柿崎宏和さん、フォトグラファーの佐々木連光さん、本当にありがとう！
取材にご協力いただいたブランドやメーカーの方々、イラストレーターのソリマチアキラさん、カメラマンの大坪尚人さん、慶昌堂印刷の皆さん、そしてこの本をつくる機会をくださった講談社の依田則子さん、サポートしてくれたすべての人に感謝を伝えたい。

古泉洋子
Hiroko Koizumi

著者紹介

古泉洋子 *Hiroko Koizumi*

ファッションエディター、ディレクター

大学卒業後、ファッション誌の編集を手がけ25年。ファッション専門誌『モードェモード』『流行通信』、ティーン誌『mc Sister』、30代女性誌『La Vie de 30ans』、インターナショナルモード誌『ハーパース・バザー日本版』の編集部を経て独立。企画立案、スタイリング、執筆をトータルに担当し、リアルモードを得意とする。講談社の女性誌『Grazia』では黎明期を支え、現在は多くのファッション誌、またブランドやセレクトショップ、百貨店のカタログのディレクションでも活躍。著書に『この服でもう一度輝く』(講談社)がある。
URL http://koizumihiroko.com/

スタイルのある女《おんな》は、脱《だつ》・無難《ぶなん》！ 87 Fashion《ファッション》 Tips《ティップス》

2013年10月22日 第1刷発行

著者 古泉洋子《こいずみひろこ》

デザイン 柿崎宏和
撮影 佐々木連光(カバー、第一章～第四章)
大坪尚人(カバー、第五章～第七章)
イラスト ソリマチアキラ
撮影協力 スワロフスキー・エレメンツ(はじめに)
編集 依田則子

発行者 鈴木 哲
発行所 株式会社講談社
〒112-8001 東京都文京区音羽2-12-21
電話 編集部／03-5395-3449
販売部／03-5395-4415
業務部／03-5395-3615

印刷所 慶昌堂印刷株式会社
製本所 大口製本印刷株式会社

ISBN978-4-06-218643-8 94p 19cm N.D.C. 335